考前充分準備　臨場沉穩作答

千華公職證照粉絲團 🅵
https://www.facebook.com/chienhuafan
優惠活動搶先曝光

千華公職資訊網
http://www.chienhua.com.tw
每日即時考情資訊 網路書店購書不出門

千華 Line 生活圈 @
https://line.me/R/ti/p/%40cus3586l
即時提供最新考訊、新品出版、活動優惠等資訊

千華數位文化
Chien Hua Learning Resources Network

臺灣菸酒(股)公司 從業職員及從業評價職位 人員甄試

完整考試
資訊

一、報名時間：正確日期以正式公告為準。

二、報名方式：一律採網路報名方式辦理，不受理現場與通訊報名。

三、測驗地點：分台北、台中及高雄三個考區同時舉辦。

四、測驗日期：

　(一)第一試（筆試）：正確日期以正式公告為準。

　(二)第二試（口試及體能測驗）：正確日期以正式公告為準。

五、遴選說明：

　(一)共同科目佔第一試（筆試）成績。

　　1.從業職員：國文（論文）題型為非選擇題，英文題型為四選一單選題。

　　2.從業評價職位人員：題型為四選一單選題。

　(二)專業科目測驗內容及佔第一試（筆試）成績比例請參閱簡章

　　1.從業職員：題型為非選擇題。

　　2.從業評價職位人員：題型為選擇題。

　(三)應試科目（節錄）

　　1.從業職員（第3職等人員）：

甄試類別	共同科目	專業科目1	專業科目2	專業科目3
國際市場開發	英文	國際貿易實務	國際行銷與市場開發	貿易經營個案分析
企業管理	國文(論文)、英文	企業管理	策略管理	財務管理
行銷企劃		行銷管理	消費者行為	企業管理
採購行政		行銷管理	消費者行為	政府採購法
化工		分析化學(含儀器分析)	普通化學	單元操作
電機		電路學	電力系統	電機機械
電子電機		電力系統(含電路學)	自動控制	電子學
機械		工程力學	自動控制	機械設計

甄試類別	共同科目	專業科目1	專業科目2	專業科目3
統計	國文(論文)、英文	資料處理	抽樣方法與迴歸分析	統計實務
財產管理		不動產投資分析、土地開發及利用	土地相關法規	民法總則、債及物權
財務投資及管理		財務管理	投資學	證券分析及實務
會計		中級會計學	成本與管理會計	
政風		行政法概要、公職人員利益衝突迴避法及公職人員財產申報法、政府採購法	刑法概要、民法概要、刑事訴訟法概要	

2.從業評價職位人員：

甄試類別	共同科目	專業科目1	專業科目2
免稅店-賣場服務	國文	英文	行銷學概要
訪銷	國文、英文	企業管理概論	行銷管理概論、電腦概論
機械		工程力學	機械製造與機械材料
電子電機		電子學	自動控制
電氣		電子學	電工原理
資訊技術		資訊管理	網路管理及資料庫管理
儲運、儲酒		倉儲管理概要	作業(含運輸)安全概要
事務管理		事務管理	會計學概要與企業管理概要
化工		普通化學	分析化學
鍋爐		機械材料	工程力學
冷凍		冷凍原理及設計	冷凍空調自動控制、熱工學

六、本項招考資訊及遴選簡章同時建置於：

(一)臺灣菸酒有限公司(http://www.cht.com.tw)

(二)台灣金融研訓院(http://www.tabf.org.tw/Exam/)

※詳細資訊請以正式簡章為準！

目 次

序言 .... (6)

近年試題分析表 .... (7)

第一部分 焦點速成

第一章　基本材料力學原理

焦點統整 1

1-1 軸向負載與正應力 1

1-2 橫向負載與剪應力 2

1-3 軸向應變與橫向應變 3

1-4 扭矩 5

1-5 純彎曲 6

精選試題演練 7

第二章　靜態負荷與動態疲勞負荷強度設計

焦點統整 18

2-1 畸變能理論（Von Mises Hencky Theory） 18

2-2 最大剪應力理論（Maximum Shear Stress Theory） 20

2-3 最大正應力理論（Maximum Normal Stress Theory） 20

2-4 麥納法則（Miner's Rule） 21

2-5 索德柏破壞理論（Soderberg Failure Theory） 23

2-6 修正古德曼破壞理論（Modified Goodman Theory） 24

精選試題演練 25

第三章　軸系及其相關元件設計

焦點統整 37

3-1　軸之組合負載 37

3-2　軸設計：畸變能理論 39

3-3　軸設計：最大剪應力理論 41

3-4　軸設計：索德柏破壞理論 42

3-5　軸設計：修正古德曼破壞理論 44

3-6　軸相關元件設計：鍵 45

精選試題演練 47

第四章　彈簧設計

焦點統整 57

4-1　彈簧基礎概念 57

4-2　螺旋彈簧靜態負荷設計 59

4-3　螺旋彈簧之動態負荷設計 61

精選試題演練 62

第五章　螺旋設計

焦點統整 71

5-1　螺紋各部位名稱 71

5-2　軸向靜態負載設計 72

5-3　軸向動態負載設計 73

5-4　螺旋機械效率與動力傳動原理 74

精選試題演練 76

第六章　鉚接與熔接

焦點統整 82

6-1　鉚接之應力分析 82

6-2　熔接之應力分析 84

精選試題演練 88

第七章　軸承設計

焦點統整 94

7-1　軸承之種類 94

7-2　滾動軸承壽命計算 96

7-3　滑動軸承之動力分析 97

精選試題演練 99

第八章　離合器與制動器設計

焦點統整 108

8-1　盤式離合器 108

8-2　錐式離合器 109

8-3　帶式離合器 111

8-4　盤式制動器 112

8-5　帶式制動器 113

8-6　塊式制動器 115

精選試題演練 116

第九章　撓性傳動元件設計

焦點統整 125

9-1　皮帶與皮帶輪 125

9-2　鏈條與鏈輪 127

精選試題演練 128

第十章　齒輪設計

焦點統整 136

10-1 基本原理 136

10-2 正齒輪速度比 138

10-3 接觸比與干涉問題 139

10-4 齒輪輪系值 141

精選試題演練 142

第十一章　公差與配合

焦點統整 150

11-1 公差 150

11-2 配合 151

精選試題演練 152

第二部分　近年試題及解析

105 年　中華郵政 160

105 年　台灣菸酒 164

105 年　專技高考 168

105 年　高考三級 171

105 年　普考 175

105 年　地特三等 179

105 年　地特四等 182

106 年　專技高考 188

106 年　鐵路特考高員三級 190

106 年　高考三級 194

106 年　普考 199

106 年　地特三等 203

106 年　地特四等 207

107 年　中華郵政 209

107 年　台灣菸酒 214

107 年　高考三級 218

107 年　普考 224

107 年　地特三等 229

107 年　地特四等 233

108 年　台灣菸酒 236

108 年　身障三等 240

108 年　專技高考 243

108 年　高考三級 247

108 年　普考 251

108 年　地特三等 254

108 年　地特四等 257

序 言

　　「機械設計」一科，在許多公職考試與國民營考試中為必考科目，諸如高考三級、普考、地方特考三等與四等、鐵路特考、技師考試、台灣菸酒公司及中華郵政職員甄試等諸多機械類科考試中，機械設計皆為必考科目。

　　機械設計的領域是由靜力學，動力學、材料力學、流體力學、機構學、機械製圖及機械製造等學科組合而成。其章節包含材料力學原理、靜態與動態疲勞強度設計，另有機械元件如軸、軸承、彈簧、螺旋、離合器與制動器、皮帶與鏈條、齒輪等設計。而最近幾年開始考出的工程製圖、公差與配合亦收錄於本書。

　　學校的教科書與市面上的機械設計書籍很多，但絕大多數皆為針對學校教學使用，而且學校教學內容與實際考試內容差異甚大，對於國考試題的迅速解題並無多大助益。本書之內容編排皆以各類國考與國民營考試為中心，先針對各章節內容與考出比率作導讀，而後整理出各章之公式，讓讀者方便使用。而每一小節之觀念皆有一題例題說明公式如何應用，而每章最後亦有大量例題使讀者更明白何種題型應用何種公式進行解題。最後一部分為近年各類考試之試題解析，相信對於讀者掌握近年命題趨勢必定有相當大的助益。

　　本書承蒙千華數位文化有限公司之鼎力相助才得以順利完成，謹致上最誠摯之謝意。本書之撰寫與校對雖力求謹慎並再三確認，期望能將錯誤率降至最低，然因本人才學疏淺，疏漏之處仍在所難免，尚祈諸位先進不吝指教。

司馬易

2020 年 2 月

近年試題分析表

	107年中華郵政	107年台灣菸酒	107年地特三等	107年地特四等	107年高考三級	107年普考	108年台灣菸酒	108年身障三等	108年專技高考	108年高考三級	108年普考	108年地特三等	108年地特四等
第一章 基本材料力學原理			3		1		2			1	2	2	1
第二章 態負荷與動態疲勞負荷強度設計	2	2		1	1	1		2	1				1
第三章 軸系及其相關元件設計					1		1			1		1	
第四章 彈簧設計		1	1			1		1					1
第五章 螺旋設計									1				
第六章 鉚接與熔接		1			1							1	
第七章 軸承設計				1		1	1						
第八章 離合器與制動器設計									1				
第九章 撓性傳動元件設計			1					1			1		
第十章 齒輪設計	1			1	1	1		1	1	1	1	1	
第十一章 公差與配合	1			1		1						1	1

第一章　基本材料力學原理

課前導讀
1. 軸向負載與正應力
2. 橫向負載與剪應力
3. 軸向應變與橫向應變
4. 扭矩
5. 純彎曲

軸向負載正應力與橫向負載剪應力為材料力學基礎，而扭矩與純彎曲則是負荷作用的延伸題型，經常出現在各類考試當中。

⭐ 重要公式整理

	應力	變形與應變		
軸向力	$\sigma = \dfrac{P}{A}$	$\varepsilon = \dfrac{\delta}{L}$	$\sigma = E\varepsilon$	$\delta = \dfrac{PL}{AE}$
剪力	$\tau = \dfrac{V}{A}$	$\gamma = \dfrac{\delta}{L}$	$\tau = G\gamma$	$\phi = \dfrac{TL}{GJ}$
扭矩	$\tau = \dfrac{T\rho}{J}$	$\phi = \dfrac{TL}{GJ}$		
純彎曲	$\sigma = \dfrac{My}{I}$	剪力彎矩圖		

焦點統整

1-1 軸向負載與正應力

應力：單位面積所承受的作用力

正應力（σ）：受力表面與施力方向呈正交方向之應力，稱為正應力σ。

拉伸負載如下圖一，壓縮負載如下圖二所示。

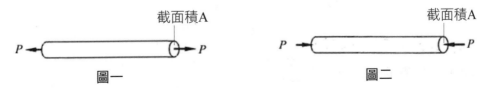

圖一　　　　　　　　　　　　　　　　　圖二

因此正應力σ表示式為：$\sigma = \dfrac{\text{軸向負載P}}{\text{截面積A}}$

一般在計算時，將拉伸應力視為正值，而壓縮應力視為負值。

牛刀小試

某一直徑30mm，長度為2m的實心圓桿承受一30KN軸向負載如下圖，試求該圓桿承受之正應力為若干MPa？

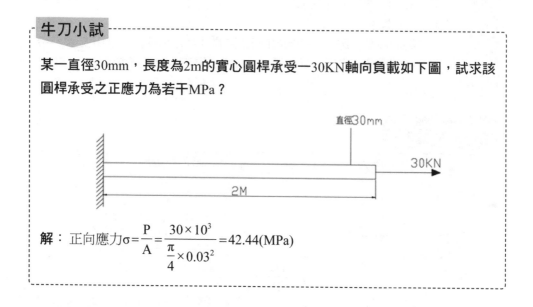

直徑30mm

30KN

2M

解：正向應力$\sigma = \dfrac{P}{A} = \dfrac{30 \times 10^3}{\dfrac{\pi}{4} \times 0.03^2} = 42.44(\text{MPa})$

1-2　橫向負載與剪應力

剪應力（τ）：當材料承受外力F作用時，材料的一部分沿著另一部分發生滑動或剪斷時，此外力稱為剪力V，如下圖三所示，而產生之應力稱為剪應力。即單位截面積上所承受之剪力，稱為剪應力τ。

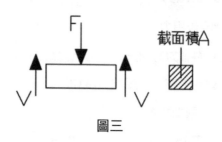

F

截面積A

V　　　V

圖三

因此剪應力τ表示式為：$\tau = \dfrac{\text{橫向負載V}}{\text{截面積A}}$

牛刀小試

如下圖所示，一鈑材利用直徑為10mm之鉚釘作連接件，鈑材承受之拉力P為100N，則該鉚釘承受之平均剪應力為若干MPa？

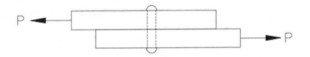

解：剪應力 $\tau = \dfrac{P}{A} = \dfrac{100}{\dfrac{\pi}{4} \times 0.01^2} = 1.27 \text{(MPa)}$

1-3　軸向應變與橫向應變

應變：材料受拉伸或壓縮負載作用時，其單位長度產生之變形量謂之應變。

軸向應變（ε）：材料受軸向拉伸或壓縮負載作用時產生伸長或縮短時，其單位長度產生之變形量δ，稱為軸向應變ε或正交應變，如下圖四所示。

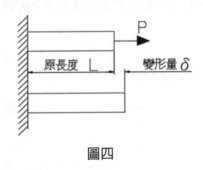

圖四

因此軸向應變ε表示式為：$\varepsilon = \dfrac{\text{變形量}\delta}{\text{受負載前原長度L}}$

橫向應變（γ）：材料受軸向拉伸或壓縮負載作用時產生伸長或縮短時，與軸向負載垂直方向產生縮短或伸長之應變，稱為橫向應變γ或側向應變或剪應變，如下圖五所示。

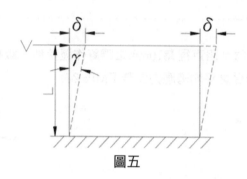

圖五

因此橫向應變γ表示式為：$\gamma = \dfrac{變形量\delta}{受負載前原長度L}$

正應力σ、軸向應變ε、變形量δ與彈性模數E之間的關係：$\sigma = E\varepsilon$　$\delta = \dfrac{PL}{AE}$

剪應力τ、橫向應變γ、扭轉角ϕ與剛性模數G之間的關係：$\tau = G\gamma$　$\phi = \dfrac{TL}{GJ}$

牛刀小試

如下圖所示，一方形材料（30mm×30mm×6mm）承受一P＝30KN之外力負荷，其剛性模數G＝300GPA，試求其承受之剪應力與剪應變？

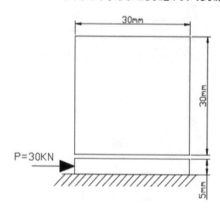

解：(1) 剪應力$\tau = \dfrac{P}{A} = \dfrac{30 \times 10^3}{30 \times 30 \times 10^{-6}} = 3.33(MPa)$

　　(2) 剪應變$\gamma = \dfrac{\tau}{G} = \dfrac{3.33}{300 \times 10^3} = 1.1 \times 10^{-5}$

1-4 扭矩

某一軸受到扭矩T作用而產生扭轉角ϕ如下圖六所示。

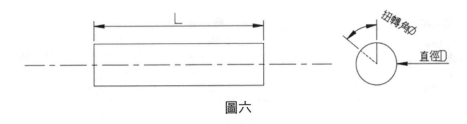

圖六

扭轉角ϕ表示式為：$\phi = \dfrac{TL}{GJ}$

而距軸心任一距離ρ處之剪應力τ的表示式：$\tau = \dfrac{T\rho}{J}$

牛刀小試

某一剛性模數G為30GPa的空心圓軸受扭矩T作用如下圖所示，若產生之扭轉角為4°，則扭矩T為若干N-m？

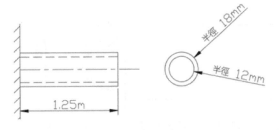

半徑 18mm
半徑 12mm
1.25m

解：扭轉角$\phi = \dfrac{TL}{GJ}$，因此$T = \dfrac{\phi GJ}{L}$

將已知項目代入$\phi = 4 \times \dfrac{\pi}{180} = 0.07\text{(rad)}$　　$G = 30\text{(GPa)}$

$J = \dfrac{\pi}{2}(0.018^4 - 0.012^4) = 1.323 \times 10^{-7}\text{(m}^4\text{)}$

因此$T = \dfrac{\phi GJ}{L} = \dfrac{0.07 \times 30 \times 10^9 \times 1.323 \times 10^{-7}}{1.25} = 222.26\text{(N-m)}$

1-5   純彎曲

某一材料承受純彎矩作用如下圖七所示。

圖七

距中性軸之距離為y之正應力（或稱彎曲應力）σ的表示式：$\sigma = \dfrac{My}{I}$

其中I為承受彎曲作用截面對中性軸之慣性矩。

牛刀小試

某一50×50mm之方形截面長桿，兩端承受大小相同，方向相反之4kN-m之彎矩負荷如下圖，試求於此桿產生之最大拉伸應力與最大壓縮應力為若干？

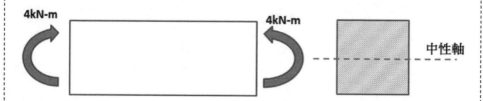

解：由於最大拉伸應力與最大壓縮應力必定發生於表面處，因此無論於拉伸面或壓縮面，y皆為25mm。

而截面對中性軸之慣性矩$I = \dfrac{1}{12} \times 0.05 \times 0.05^3 = 5.21 \times 10^{-7} m^4$

將上述計算結果代入$\sigma = \dfrac{My}{I} = \dfrac{4000 \times 0.025}{5.21 \times 10^{-7}} = 1.92(GPa)$

因此最大拉伸應力與最大壓縮應力皆為1.92GPa

精選試題演練

1 一根鋼製實心圓軸的扭角變形量為每2000mm不得超過1°，若軸的許可剪應力為$\tau_w=55\text{N/mm}^2$，剪彈性模數G為77GPa，試求該軸之直徑。

（102年地特四等）

解：剪應力公式，$\tau=\dfrac{T\rho}{J}\rightarrow(1)$

其中$\tau=55\text{N/mm}^2=55\times10^6\text{Pa}$

由於最大剪應力發生於圓軸表面處，因此$\rho=d/2$

而慣性矩$J=\pi d^4/32$

將上述各項代入(1)式，

$$55\times10^6=\frac{T\times\dfrac{d}{2}}{\dfrac{\pi d^4}{32}}$$

得$T/d^3=10.8\times10^6\rightarrow(2)$

扭轉角公式，$\phi=\dfrac{TL}{GJ}\rightarrow(3)$

其中$\phi=1\times\pi/180=\pi/180\text{rad}$

$L=2000\text{mm}=2\text{m}$，$G=77\text{GPa}$

將上述各項代入(3)式，

$$\frac{\pi}{180}=\frac{T\times2}{77\times10^9\times\dfrac{\pi d^4}{32}}$$

得$T/d^4=66\times10^6\rightarrow(4)$

將(2)式同除以(4)式，

得軸直徑$d=0.1637\text{m}=16.37\text{cm}$

2 某鋁合金製成的橫樑（beam）承受正向彎曲力矩（positive bending moment），其截面形狀如圖中所示，長度單位為mm。若允許彎曲應力為150MPa，試求：

(一) 該結構之慣性截面矩（area moment of inertia）。

(二) 該樑可承受的最大彎曲力矩。（提示：於A點處）（102年普考）

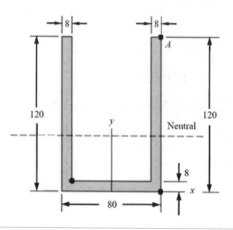

解：(一) 先求出中性軸位置y'

$$y' = \frac{120 \times 80 \times 60 - 64 \times 112 \times 64}{120 \times 80 - 64 \times 112} = 48.21\text{mm}$$

因此截面慣性矩

$$I = \frac{80 \times 120^3}{12} + 120 \times 80 \times (60 - 48.21)^2 - [\frac{64 \times 112^3}{12} + 64 \times 112 \times (64 - 48.21)^2]$$

$$= 3.557 \times 10^6 \text{mm}^4$$

$$= 3.557 \times 10^{-6} \text{m}^4$$

(二) 純彎曲應力公式 $\sigma = \dfrac{My}{I}$

$$150 \times 10^6 = \frac{M \times (120 - 48.21) \times 10^{-3}}{3.57 \times 10^{-6}}$$

可得M = 7.46kN-m

3 以萬能試驗機做材料拉伸試驗時，試片處於單軸拉伸狀態，當試片降伏時，$\sigma_x=0$，$\sigma_y=200MPa$，$\tau_{xy}=0$。繪製莫爾圓表達此應力狀態，此時最大主應力大小和方向為何？最大剪應力大小和方向為何？由此莫爾圓請解釋為何材料的剪力降伏強度是拉伸降伏強度的一半？（103年原民三等）

解：(一) 繪製莫爾圓如下圖

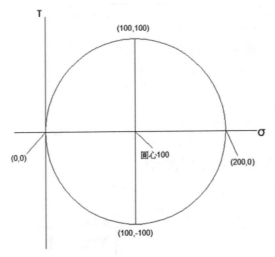

(二) 最大主應力為200MPa，方向為0°時。

(三) 最大剪應力為100MPa，方向為45°時。

(四) 由於最大剪應力為100MPa，而最大主應力為200MPa，因此剪力降伏強度為拉伸降伏強度的一半。

4 結構所受到的外力，大致上有以下五種形態：「張力（tension forces）」、「壓力（compression forces）」、「剪力（shear forces）」、「彎曲力（bending forces）」、「扭轉力（torsional forces）」、試繪圖描述這五種外力的形態，並各舉一實例說明。

（103年原民四等）

解：(一) 張力

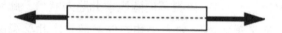

　　　　實例：如塑性加工的抽拉製程

(二) 壓力

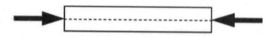

　　　　實例：如塑性加工的鍛造或壓延製程

(三) 剪力

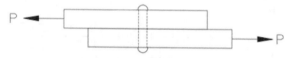

　　　　實例：如塑性加工的沖壓製程

(四) 彎曲力

　　　　實例：如塑性加工的彎管製程

(五) 扭轉力

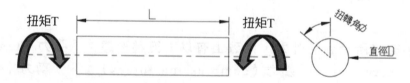

　　　　實例：如運轉中的馬達軸動力傳動

5 試計算圖(a)中插銷所受的剪應力，並計算圖(b)中連結兩軸的栓所受的剪
應力。（詳細列出計算式，但不需該算實際結果數值）

（103年原民四等）

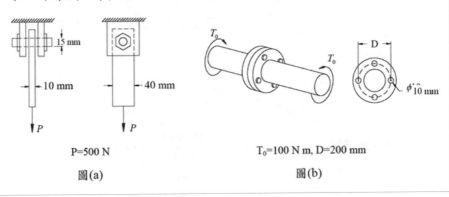

P=500 N

圖(a)

T_0=100 N m, D=200 mm

圖(b)

解：(a) 剪應力$\tau = \dfrac{V}{A} = \dfrac{\dfrac{500}{2}}{\dfrac{\pi}{4} \times 0.015^2}$　　(b) 剪應力$\tau = \dfrac{V}{A} = \dfrac{\dfrac{100}{0.2 \times 4}}{\dfrac{\pi}{4} \times 0.01^2}$

6 圖中的軸承（Bearing）受到如圖示的穩定負荷，而且不旋轉。

(一) 請於A點元素中，繪製顯示其應力狀態的立方塊，並使用莫爾圓計算
該位置的主應力。

(二) 請於B點元素中，繪製顯示其應力狀態的立方塊，並使用莫爾圓計算
該位置的主應力。（103年高考三級）

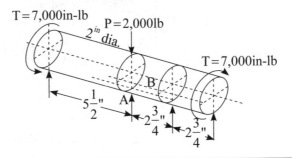

解：(一) 先繪出彎矩剪力圖

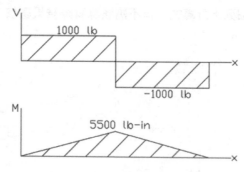

A點所受到的彎曲應力$\sigma = \dfrac{My}{I} = \dfrac{5500 \times 1}{\dfrac{\pi \times 2^4}{64}} = 7$ kpsi

A點所受到的扭轉剪應力$\tau = \dfrac{T\rho}{J} = \dfrac{7000 \times 1}{\dfrac{\pi \times 2^4}{32}} = 4.46$ kpsi

應力狀態立方塊如下圖

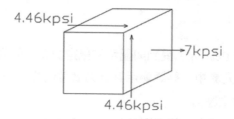

繪製莫爾圓

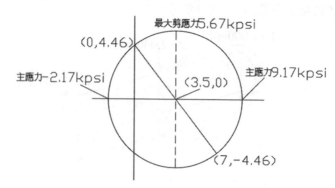

主應力為9.17kpsi與−2.17kpsi

最大剪應力為5.67kpsi

(二) 由於B點位於中型軸處，因此無彎曲應力，僅有扭轉剪應力τ與橫向剪應力τ'。

扭轉剪應力τ如上述計算為4.46kpsi

而A點所受到的扭轉剪應力$\tau' = \dfrac{4V}{3A} = \dfrac{4 \times 1000}{3 \times \dfrac{\pi \times 2^2}{4}} = 0.42$ kpsi

因此剪應力總合為$4.46 + 0.42 = 4.88$kpsi

應力狀態立方塊如下圖

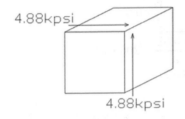

繪製莫爾圓

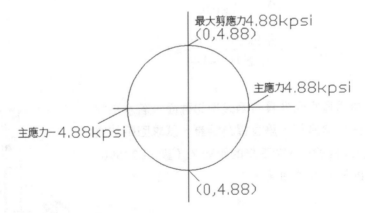

主應力為4.88kpsi與-4.88kpsi

最大剪應力為4.88kpsi

7　一壓床（如圖）在設計時要求兩圓柱A之最大伸長量不超過0.2mm，圓柱A材料之楊氏係數為E＝200GPa（G＝10^9，Pa＝N/m^2），直徑d＝20mm，則F為多少？若圓柱A能承受的最大應力為140MPa（M＝106，Pa＝N/m^2），其安全係數為何？（103年專技高考）

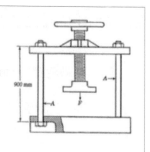

解：(一) 變形量δ公式：$\delta = \dfrac{PL}{AE}$

$$0.2 \times 10^{-3} = \dfrac{\dfrac{F}{2} \times 0.9}{\dfrac{\pi \times 0.02^2}{4} \times 200 \times 10^9}$$

得F＝27.93kN

(二) 正向應力$\sigma = \dfrac{P}{A} = \dfrac{\dfrac{27.93}{2} \times 1000}{\dfrac{\pi}{4} \times 0.02^2} = 44.44$ MPa

安全係數＝$\dfrac{極限應力}{工作應力} = \dfrac{140}{44.44} = 3.15$

8　圖中垂直桿元件具有兩段均勻截面，若水平桿鉸接處無摩擦，垂直桿為鋼質，試求因附加重量450kg後，A點下降的距離？（鋼E＝206900 MPa）（103年普考）

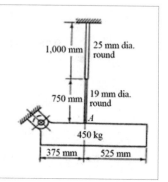

解：A點下降距離為兩桿受力後的變形總量δ

$$\delta = \sum \frac{PL}{AE} = \frac{450 \times 9.81 \times 1}{\dfrac{\pi \times 0.025^2}{4} \times 206900 \times 10^6} + \frac{450 \times 9.81 \times 0.75}{\dfrac{\pi \times 0.019^2}{4} \times 206900 \times 10^6}$$

$$= \frac{450 \times 9.81}{\dfrac{\pi}{4} \times 206900 \times 10^6} (\frac{1}{0.025^2} + \frac{0.75}{0.019^2}) = 0.0001\text{m} = 0.1\text{mm}$$

9 請計算右圖長500mm簡支臂樑中央受力F＝10 kN樑之最大變形及最大應力（不考慮應力集中現象）。樑之截面為一長30mm寬30mm之正方形。楊氏模數為200GPa。（104年普考）

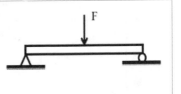

解：(一) 此樑之最大變形量

$$\delta = \sum \frac{WL^3}{48EI} = \frac{10 \times 10^3 \times 0.5^3}{48 \times 200 \times 10^9 \times \dfrac{0.03 \times 0.03^3}{12}} = 0.00193\text{m} = 1.93\text{mm}$$

(二) 先繪出剪力彎矩圖如下

V
5000 N
x
−5000 N

M
1250 N-m
x

剪應力 $\tau = \dfrac{3V}{2A} = \dfrac{3 \times 5000}{2 \times 0.03 \times 0.03} = 8.33 \text{ MPa}$

變曲應力 $\sigma = \dfrac{My}{I} = \dfrac{1250 \times 0.015}{\dfrac{0.03 \times 0.03^4}{12}} = 2.78 \text{ GPa}$

彎曲應力2.78GPa＞剪應力8.33MPa，因此最大應力為2.78GPa

10 下圖(a)為延性金屬材料典型拉伸實驗之應力與應變（stress-strain）圖，圖(b)為Sy以下附近的放大圖。請回答下列問題：

(一) 請簡述點P、E、Y、U及R的意義。

(二) 請說明0.002的意義。

(三) 於一般機械的安全設計準則，圖(a)及圖(b)中的哪個點最常用且最重要？（102年台灣港務-助理工程師）

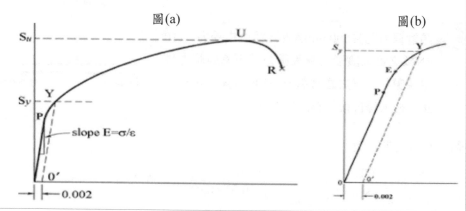

解：(一) P點：比例限度，為應力與應變保持線性關係之最大應力值。

E點：彈性限度，不致於產生塑性變形之最大應力值。當應力值超過彈性限度後，材料會發生塑性應變。

Y點：降伏應力或屈伏應力，過了此點後，應力不再增加，但應變量仍持續增加，延性材料設計以此應力除以安全係數作為容許應力。

U點：極限應力，為材料所能承受之最大應力，脆性材料設計以此應力除以安全係數作為容許應力。

R點：斷裂點，因頸縮而最終導致斷裂。

(二) 0.002的意義為：為永久應變。因為部分延性材料降伏點不明顯，常採用0.2%永久應變橫距法求得其降伏點。

(三) 由於此材料為延性金屬材料，因此就機械設計安全準則而言，降伏應力最常用也最重要。

本章依據出題頻率區分，屬：**A** 頻率高

第二章　靜態負荷與動態疲勞負荷強度設計

課前導讀

1. 靜態負荷破壞理論：畸變能理論（適用於延性材料）
2. 靜態負荷破壞理論：最大剪應力理論（適用於延性材料）
3. 靜態負荷破壞理論：最大正應力理論（適用於脆性材料）
4. 動態疲勞負荷：麥納法則
5. 動態疲勞負荷：索德柏破壞理論
6. 動態疲勞負荷：修正古德曼破壞理論

靜態負荷破壞理論中，畸變能理論與最大剪應力理論為最常見的考題。而動態疲勞負荷中，麥納法則、索德柏與修正古德曼破壞理論出現考題機率幾乎相同。靜態負荷與動態負荷題型的考出比例為 7：3。

★ 重要公式整理

畸變能理論	1. 若材料承受三軸向應力時，發生破壞的條件為 $$S_{ET} = \sqrt{\dfrac{(\sigma_1 - \sigma_2)^2 + (\sigma_2 - \sigma_3)^2 + (\sigma_3 - \sigma_1)^2}{2}} \geq S_{YT} \text{，}$$ 而安全係數 $n = \dfrac{S_{YT}}{S_{ET}}$ 2. 若材料承受雙軸向應力時，發生破壞的條件為 $$S_{ET} = \sqrt{(\sigma_1)^2 + (\sigma_2)^2 - \sigma_1\sigma_2} \geq S_{YT} \text{，}$$ 而安全係數 $n = \dfrac{S_{YT}}{S_{ET}}$ $$S_{ET} = \sqrt{(\sigma_x)^2 + (\sigma_y)^2 - \sigma_x\sigma_y + 3\tau_{xy}^2} \geq S_{YT} \text{，}$$ 而安全係數 $n = \dfrac{S_{YT}}{S_{ET}}$

畸變能理論	3. 若材料承受單純剪應力時,發生破壞的條件為 $S_{ET} = \sqrt{3}\tau_{max} \geq S_{YT}$,而安全係數 $n = \dfrac{S_{YT}}{S_{ET}}$
最大剪應力理論	發生破壞的條件為: $2\tau_{max} \geq S_{YT}$,而安全係數 $n = \dfrac{S_{YT}}{2\tau_{max}}$
最大正應力理論	發生破壞的條件為: $(\sigma_{1,2,3})_{任一} \geq S_U$,而安全係數 $n = \dfrac{S_{YT}}{\sigma_{1 \cdot 2 \cdot 3}}$
麥納法則	$\sum n_i = N$, $\alpha_i = \dfrac{n_i}{N}$ $\sum\limits_{i=1} \dfrac{n_i}{L_i} = 1$,即 $\dfrac{n_1}{L_1} + \dfrac{n_2}{L_2} + \dfrac{n_3}{L_3} + \cdots\cdots + \dfrac{n_i}{L_i} = 1$ $\sum\limits_{i=1} \dfrac{\alpha_i}{L_i} = \dfrac{1}{N}$,即 $\dfrac{\alpha_1}{L_1} + \dfrac{\alpha_2}{L_2} + \dfrac{\alpha_3}{L_3} + \cdots\cdots + \dfrac{\alpha_i}{L_i} = \dfrac{1}{N}$
索德柏破壞理論	$\dfrac{\sigma_{av}}{S_y} + K\dfrac{\sigma_r}{S_e} = \dfrac{1}{n}$
修正古德曼破壞理論	$\dfrac{\sigma_{av}}{S_u} + K\dfrac{\sigma_r}{S_e} = \dfrac{1}{n}$(若題目未特別強調,皆用此式求解) $\dfrac{\sigma_{av}}{S_y} + K\dfrac{\sigma_r}{S_e} = \dfrac{1}{n}$

焦點統整

2-1　畸變能理論(Von Mises Hencky Theory)

畸變能理論又稱剪力能理論,適用於延性材料。

此理論主張當材料受拉力而產生之等效拉應力 S_{ET} 大於材料之拉伸降伏應力 S_{YT} 時,材料即發生破壞。

1.若材料承受三軸向應力時，發生降伏破壞的條件為：

$$S_{ET} = \sqrt{\frac{(\sigma_1 - \sigma_2)^2 + (\sigma_2 - \sigma_3)^2 + (\sigma_3 - \sigma_1)^2}{2}} \geq S_{YT}$$，而安全係數$n = \frac{S_{YT}}{S_{ET}}$

其中σ_1、σ_2、σ_3為主應力，S_{ET}為等效拉應力，S_{YT}為拉伸降伏應力。

2.若材料承受雙軸向應力時，發生降伏破壞的條件為：

$$S_{ET} = \sqrt{(\sigma_1)^2 + (\sigma_2)^2 - \sigma_1\sigma_2} \geq S_{YT}$$，而安全係數$n = \frac{S_{YT}}{S_{ET}}$

其中σ_1、σ_2為主應力，S_{ET}為等效拉應力，S_{YT}為拉伸降伏應力。

$$S_{ET} = \sqrt{(\sigma_x)^2 + (\sigma_y)^2 - \sigma_x\sigma_y + 3\tau_{xy}^2} \geq S_{YT}$$，而安全係數$n = \frac{S_{YT}}{S_{ET}}$

其中σ_x、σ_y為軸向應力，τ_{xy}為剪應力，S_{ET}為等效拉應力，S_{YT}為拉伸降伏應力。

3.若材料承受單純剪應力時，發生降伏破壞的條件為：

$$S_{ET} = \sqrt{3}\tau_{max} \geq S_{YT}$$，而安全係數$n = \frac{S_{YT}}{S_{ET}}$

其中τ_{xy}為最大剪應力，S_{ET}為等效拉應力，S_{YT}為拉伸降伏應力。

牛刀小試

某一機械元件受一拉伸力作用之後，產生之應力狀態為$\sigma_x = 80MPa$、$\sigma_y = 30MPa$、$\tau_{xy} = 75MPa$。若以畸變能理論進行分析，則此機械元件之安全係數為多少？（此機械元件之降伏強度為400MPa）

解：等效拉應力 $S_{ET} = \sqrt{(\sigma_x)^2 + (\sigma_y)^2 - \sigma_x\sigma_y + 3\tau_{xy}^2} \geq S_{YT}$

$$= \sqrt{80^2 + 30^2 - 80 \times 30 + 3 \times 75^2}$$

$$= 147.56 \, MPa$$

安全係數$n = \frac{S_{YT}}{S_{ET}} = \frac{400}{147.56} = 2.71$

2-2 最大剪應力理論（Maximum Shear Stress Theory）

最大剪應力理論又稱第三強度理論，適用於延性材料。

此理論主張當材料在受拉力作用下的2倍最大剪應力大於材料之拉伸降伏應力S_{YT}時，材料即發生破壞。

發生降伏破壞的條件為：$2\tau_{max} \geq S_{YT}$，而安全係數$n = \dfrac{S_{YT}}{2\tau_{ET}}$

其中τ_{max}為剪應力，S_{YT}為拉伸降伏應力。

牛刀小試

某一機械元件受一拉伸力作用之後，產生之應力狀態為$\sigma_x = 80\text{MPa}$、$\sigma_y = 30\text{MPa}$、$\tau_{xy} = 75\text{MPa}$。若以最大剪應力理論進行分析，則此機械元件之安全係數為多少？（此機械元件之降伏強度為400MPa）

解：$\tau_{max} = \sqrt{(\dfrac{\sigma_x - \sigma_y}{2})^2 + \tau_{xy}{}^2} = \sqrt{(\dfrac{80-30}{2})^2 + 75^2} = 79.06\text{MPa}$

安全係數$n = \dfrac{S_{YT}}{2\tau_{ET}} = \dfrac{400}{2 \times 79.06} = 2.53$

2-3 最大正應力理論（Maximum Normal Stress Theory）

最大正應力理論適用於脆性材料。

此理論主張當材料在受拉力作用下，所產生的任一主應力大於材料之極限應力S_U時，材料即發生破壞。

發生破壞的條件為：$(\sigma_{1,2,3})_{任一} \geq S_U$，而安全係數$n = \dfrac{S_U}{\sigma_{1,2,3}}$

其中$\sigma_{1,2,3}$為主應力，S_U為極限應力。

1. 主應力若為拉伸應力,與拉伸極限應力比較。

2. 主應力若為壓縮應力,與壓縮極限應力比較。

3. 若有多式同時比較,則取安全係數最小者(因為安全係數最小者,危險性越高)。

牛刀小試

一脆性材料的抗拉極限強度$S_u = 400$MPa,當此材料所受之應力狀況為:$\sigma_X = 120$MPa,$\sigma_Y = 80$MPa,$\tau_{XY} = 40$MPa,以最大正向應力理論,計算其安全係數。

解: 主應力$\sigma_{1,2} = (\dfrac{\sigma_x + \sigma_y}{2}) \pm \sqrt{(\dfrac{\sigma_x - \sigma_y}{2})^2 + \tau_{xy}^2}$

$$= (\dfrac{120 + 80}{2}) \pm \sqrt{(\dfrac{120 - 80}{2})^2 + 40^2}$$

$$= 144.72 \text{ PMa 或 } 55.28 \text{ PMa}$$

因為144.72 PMa > 55.28 PMa,

因此安全係數$n = \dfrac{S_u}{\sigma_1} = \dfrac{400}{144.72} = 2.76$

2-4 麥納法則(Miner's Rule)

一般機械元件的理想負荷型態為,在只承受某固定型態及大小的負荷的條件下,連續使用而終至破壞毀損。

然而在實際生活應用上,機械元件在不同的時空背景下,會遭遇各式各樣的負荷作用。這些負荷作用群會累積對機械元件的疲勞應力而直到破壞毀損發生,所以此類型之負荷稱為累積疲勞破壞。

麥納法則又稱為「線性毀損律」或「線性累積損壞理論」。

其公式為 $\sum n_i = N$ ，$\alpha_i = \dfrac{n_i}{N}$

$$\sum_{i=1} \frac{n_i}{L_i} = 1 \text{ ，即} \frac{n_1}{L_1} + \frac{n_2}{L_2} + \frac{n_3}{L_3} + \cdots + \frac{n_i}{L_i} = 1$$

$$\sum_{i=1} \frac{\alpha_i}{L_i} = \frac{1}{N} \text{ ，即} \frac{\alpha_1}{L_1} + \frac{\alpha_2}{L_2} + \frac{\alpha_3}{L_3} + \cdots + \frac{\alpha_i}{L_i} = \frac{1}{N}$$

其中　　L_i：單獨負荷作用時，在應力σ_i時之疲勞壽命

　　　　n_i：交變負荷作用時，在應力σ_i時之疲勞壽命

　　　　N：交變負荷作用之總疲勞壽命

　　　　α_i：在應力σ_i時之疲勞壽命占總壽命之百分比

牛刀小試

某一機械元件個別承受三種不同之反覆負載而產生之完全反覆之最大應力為 700MPa、500MPa、400MPa時，其個別對應之疲勞壽命為5000循環、50000 循環、150000循環，假設此三種負荷交相作用於元件上，使用之循環數依次 分別為總疲勞循環數之20%、30%與50%而破壞，則總疲勞循環數為若干？

解：$\sum_{i=1} \dfrac{\alpha_i}{L_i} = \dfrac{1}{N}$ ，即$\dfrac{\alpha_1}{L_1} + \dfrac{\alpha_2}{L_2} + \dfrac{\alpha_3}{L_3} + \cdots + \dfrac{\alpha_i}{L_i} = \dfrac{1}{N}$

$\therefore \dfrac{0.2}{5000} + \dfrac{0.3}{50000} + \dfrac{0.5}{150000} = \dfrac{1}{N}$

$N = 20270.27$循環

2-5　索德柏破壞理論（Soderberg Failure Theory）

索德柏破壞理論如下圖一所示。若平均應力σ_{av}＝0，則所有變動負荷皆為交變應力，其應力值σ_r大於疲勞強度S_e時就會發生破壞。因此同理，若交變應力σ_r＝0，則所有變動負荷皆為靜態應力，其應力值σ_{av}大於降伏強度S_y時就會發生破壞。疲勞強度S_e與降伏強度S_y兩點作連線即為索德柏線，如下圖一AC段所示。

因此索德柏線方程式為：$\dfrac{\sigma_{av}}{S_y}+K\dfrac{\sigma_r}{S_e}=\dfrac{1}{n}$

其中　　平均應力$\sigma_{av}=\dfrac{\text{反覆應力最大值}\sigma_{max}+\text{反覆應力最小值}\sigma_{min}}{2}$

交變應力$\sigma_r=\dfrac{\text{反覆應力最大值}\sigma_{max}-\text{反覆應力最小值}\sigma_{min}}{2}$

S_y：材料降伏強度　　　　　　S_e：材料疲勞強度

K：應力集中因子　　　　　　　n：安全係數

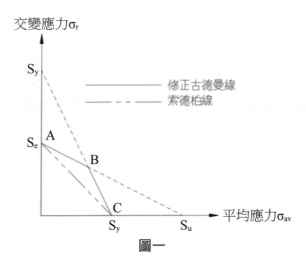

圖一

某一直徑為30mm的圓軸，其材質之極限強度為720MPa，降伏強度為550MPa，疲勞強度為320MPa，今承受一軸向反覆負載P：70~120kN，應力集中因數k=1.2，試以索德柏理論求其安全係數為若干？

解：先求出反覆應力最大值σ_{max}與反覆應力最小值σ_{min}

$$\sigma_{max}=\frac{120000}{\dfrac{\pi\times0.03^2}{4}}=169.77\text{ MPa}，\sigma_{min}=\frac{70000}{\dfrac{\pi\times0.03^2}{4}}=99.03\text{ MPa}$$

平均應力$\sigma_{av}=\dfrac{169.77+99.03}{2}=13.4\text{ MPa}$

交變應力$\sigma_r=\dfrac{169.77-99.03}{2}=35.37\text{ MPa}$

將以上各項代入$\dfrac{\sigma_{av}}{S_y}+K\dfrac{\sigma_r}{S_e}=\dfrac{1}{n}\rightarrow\dfrac{134.4}{550}+1.2\times\dfrac{35.37}{320}=\dfrac{1}{n}$

可求得安全係數n=2.65

2-6　修正古德曼破壞理論（Modified Goodman Theory）

修正古德曼線為因應脆性材料之極限強度修正的方程式，如上圖一ABC段所示：

AB線段的修正古德曼方程式為：$\dfrac{\sigma_{av}}{S_u}+K\dfrac{\sigma_r}{S_e}=\dfrac{1}{n}$

S_u：材料極限強度

BC線段的修正古德曼方程式為：$\dfrac{\sigma_{av}}{S_y}+K\dfrac{\sigma_r}{S_e}=\dfrac{1}{n}$

若考題未特別強調使用哪個線段，則皆使用AB線段，即$\dfrac{\sigma_{av}}{S_u}+K\dfrac{\sigma_r}{S_e}=\dfrac{1}{n}$進行解題。

牛刀小試

某一直徑為d的圓軸,其材質極限強度為720MPa,降伏強度為550MPa,疲勞強度為320MPa,其設計安全係數為2.3。今承受一軸向反覆負載P:70~120kN,應力集中因數k=1.2,試以修正古德曼理論求此軸之軸徑為若干?

解: 假設圓軸直徑d之單位為m

先求出反覆應力最大值σ_{max}與反覆應力最小值σ_{min}

$$\sigma_{max}=\frac{120000}{\frac{\pi \times d^2}{4}}=\frac{0.1528}{d^2}MPa \text{ , } \sigma_{min}=\frac{70000}{\frac{\pi \times d^2}{4}}=\frac{0.0891}{d^2}MPa$$

平均應力$\sigma_{av}=\frac{0.1528+0.0891}{2d^2}=\frac{0.121}{d^2}MPa$

交變應力$\sigma_r=\frac{0.1528-0.0891}{2d^2}=\frac{0.032}{d^2}MPa$

將以上各項代入$\frac{\sigma_{av}}{S_u}+K\frac{\sigma_r}{S_e}=\frac{1}{n} \rightarrow \frac{0.121}{550 \times d^2}+1.2 \times \frac{0.032}{320 \times d^2}=\frac{1}{2.3}$

可求得圓軸直徑d=0.0257m=25.7mm

精選試題演練

1 一金屬機械元件的降伏強度為360 MPa,受到靜力負荷所產生的應力狀態為$\sigma_x=100MPa$,$\sigma_y=20MPa$,$\tau_{xy}=75MPa$,試以畸變能理論(Distorsion-energy theory)求出其有效應力(von-Mises stress)及安全係數。

(102年地特四等)

解: 若材料承受雙軸向應力時,發生降伏破壞的條件為:

$$S_{ET} = \sqrt{(\sigma_x)^2 + (\sigma_y)^2 - \sigma_x\sigma_y + 3\tau_{xy}^2} \geq S_{YT}$$ ，而安全係數 $n = \dfrac{S_{YT}}{S_{ET}}$

其中 σ_x、σ_y 為軸向應力，τ_{xy} 為剪應力，S_{ET} 為等效拉應力，S_{YT} 為拉伸降伏應力，因此

有效應力 $S_{ET} = \sqrt{100^2 + 20^2 - 100 \times 20 + 3 \times 75^2} = 158.98\text{MPa}$

安全係數 $n = \dfrac{S_{YT}}{S_{ET}} = \dfrac{360}{158.98} = 2.26$

---

2 一AISI 1020鋼材之降伏強度為210MPa，抗拉強度320MPa。當此材料受應力 $\sigma_x = 75$ MPa，$\sigma_y = 25$ MPa，$\tau_{xy} = 70$ Mpa。

(一) 請使用最大剪應力理論計算此時之安全因數。

(二) 請使用畸變能（Distorsion Energy）理論計算此時之安全因數。

(三) 說明AISI 1020鋼材之特性。

（103年地特三等）

解：(一) 發生降伏破壞的條件為：

$2\tau_{max} \geq S_{YT}$ ，而安全係數 $n = \dfrac{S_{YT}}{2\tau_{max}}$

其中 τ_{max} 為剪應力，S_{YT} 為拉伸降伏應力

因此，$\tau_{max} = \sqrt{(\dfrac{\sigma_x - \sigma_y}{2})^2 + \tau_{xy}^2} = \sqrt{(\dfrac{75-25}{2})^2 + 70^2} = 74.33\text{MPa}$

安全係數 $n = \dfrac{S_{YT}}{2\tau_{max}} = \dfrac{210}{2 \times 74.33} = 1.41$

(二) 若材料承受雙軸向應力時，發生降伏破壞的條件為：

$$S_{ET} = \sqrt{(\sigma_x)^2 + (\sigma_y)^2 - \sigma_x\sigma_y + 3\tau_{xy}^2} \geq S_{YT}$$ ，而安全係數 $n = \dfrac{S_{YT}}{S_{ET}}$

其中 σ_x、σ_y 為軸向應力，τ_{xy} 為剪應力，S_{ET} 為等效拉應力，S_{YT} 為拉伸降伏應力，因此，

$$S_{ET} = \sqrt{(\sigma_x)^2 + (\sigma_y)^2 - \sigma_x\sigma_y + 3\tau_{xy}^2}$$

$$= \sqrt{75^2 + 25^2 - 75 \times 25 + 3 \times 70^2} = 138.11 \text{MPa}$$

安全係數$n = \dfrac{S_{YT}}{S_{ET}} = \dfrac{210}{138.11} = 1.52$

(三) AISI 1020鋼材特性：AISI 1020等於SAE 1020也等於JIS的S20C，其含碳量約：0.17%~0.23%，因此屬於低碳鋼。

3 下圖中之機械元件之降伏強度（Yield strength）為300 MPa，受負載 F＝500N，T＝30 N-m，P＝6000N。試求出機械元件於A點處之下述問題（可將A點視為一小立方體）。

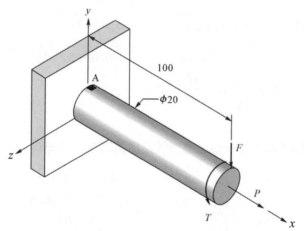

一機械元件受力示意圖（尺寸單位為mm）

(一) 於x方向上之正應力為何？

(二) 於z方向上之正應力為何？

(三) 於x面上朝z方向之剪應力為何？

(四) 根據畸變能理論之馮密士應力（Von Mises stress）為何？

(五) 根據A點是否降伏作考量，此元件根據畸變能理論之安全因數為何？

（103年地特三等）

解：(一) x方向承受的正應力是由負載P的軸向拉力與負載F的彎矩效應組成。

$$軸向拉力正應力 \sigma_P = \frac{P}{A} = \frac{6000}{\frac{\pi}{4} \times 0.02^2} = 19.10 MPa$$

$$彎矩效應正應力 \sigma_F = \frac{MC}{I} = \frac{500 \times 0.1 \times 0.01}{\frac{\pi}{64} \times 0.02^4} = 63.66 MPa$$

$$x方向正應力 \sigma_x = \sigma_P + \sigma_F = 19.10 + 63.66 = 82.76 MPa$$

(二) 由於z方向並無負載，因此z方向正應力 $\sigma_z = 0$

(三) 於x面上朝z方向之剪應力 $\tau_{xz} = \frac{T\rho}{J} = \frac{30 \times 0.01}{\frac{\pi}{32} \times 0.02^4} = 19.10 MPa$

(四) 馮密士應力 $S_{ET} = \sqrt{(\sigma_x)^2 + (\sigma_y)^2 - \sigma_x \sigma_y + 3\tau_{xy}^2}$

$$= \sqrt{82.76^2 + 0^2 - 82.76 \times 0 + 3 \times 19.10^2} = 84.94 MPa$$

(五) 安全係數 $n = \frac{S_{YT}}{S_{ET}} = \frac{300}{84.94} = 3.53$

4　一均勻鋼棒其上某一點之應力張量值達到下列狀況時，

$$\begin{bmatrix} \sigma_{xx} & \tau_{xy} & \tau_{xz} \\ \tau_{xy} & \sigma_{yy} & \tau_{yz} \\ \tau_{xz} & \tau_{yz} & \sigma_{zz} \end{bmatrix} = \begin{bmatrix} 9 & 8 & 0 \\ 8 & 19 & 0 \\ 0 & 0 & 0 \end{bmatrix} (MPa)$$

試問在該點：

(一) 對應之最大主應力 σ_1，σ_2 及 σ_3 值各為若干？

(二) 對應之最大剪應力值 τ_{max} 為若干？

(三) 對應之von Mises應力值 σ' 為若干？（103年身障三等）

解：(一) $\begin{bmatrix} \sigma_{xx} & \tau_{xy} & \tau_{xz} \\ \tau_{xy} & \sigma_{yy} & \tau_{yz} \\ \tau_{xz} & \tau_{yz} & \sigma_{zz} \end{bmatrix} = \begin{bmatrix} 9 & 8 & 0 \\ 8 & 19 & 0 \\ 0 & 0 & 0 \end{bmatrix}$

求特徵值

$$\begin{vmatrix} 9-\sigma & 8 & 0 \\ 8 & 19-\sigma & 0 \\ 0 & 0 & 0-\sigma \end{vmatrix} = 0 \rightarrow (0-\sigma)\big[(9-\sigma)(19-\sigma)-8\times8\big]=0$$

$$(0-\sigma)(\sigma^2-28\sigma+107)=0$$

$$\rightarrow \sigma_1=23.43\text{MPa} \cdot \sigma_2=4.57\text{MPa} \cdot \sigma_3=0\text{MPa}$$

(二) 最大剪應力 $\tau_{max}=\dfrac{23.43-0}{2}=11.72\text{MPa}$

(三) $\sigma'=\sqrt{\dfrac{(\sigma_1-\sigma_2)^2+(\sigma_2-\sigma_3)^2+(\sigma_3-\sigma_1)^2}{2}}$

$$=\sqrt{\dfrac{(23.43-4.57)^2+(4.57-0)^2+(0-23.43)^2}{2}}=21.51\text{MPa}$$

---

5 一承受週期應力 $\sigma_{max}=90\text{MPa}$，$\sigma_{min}=30\text{MPa}$ 之鋼製零件，其拉伸之抗拉強度（ultimate strength）$S_{ut}=600\text{MPa}$，降伏強度（yield strength）$S_y=450\text{MPa}$，修正後之疲勞限（endurance limit）$S_e=150\text{MPa}$，若不考慮應力集中之影響，試分別以下列破壞理論計算其設計時之安全係數：

(一) 一次週期破壞理論（Single cycle failure theory）。

(二) 古德曼疲勞破壞理論（Goodman's fatigue failure theory）。

(三) 蘇德堡疲勞破壞理論（Sodeberg's fatigue failure theory）。

（103年身障三等）

解：(一) 一次性週期破壞理論為 $n=\dfrac{S_e}{k\sigma_r}$

因此，安全係數 $n=\dfrac{150}{\dfrac{90-30}{2}}=5$

(二) 古德曼疲勞破壞理論為 $\dfrac{\sigma_{av}}{S_u}+K\dfrac{\sigma_r}{S_e}=\dfrac{1}{n}$

因此，$\dfrac{\dfrac{90+30}{2}}{600}+\dfrac{\dfrac{90-30}{2}}{150}=\dfrac{1}{n}\rightarrow$ 安全係數 $n=3.33$

(三) 蘇德堡疲勞破壞理論為 $\dfrac{\sigma_{av}}{S_y} + K\dfrac{\sigma_r}{S_e} = \dfrac{1}{n}$

因此，$\dfrac{\frac{90+30}{2}}{450} + \dfrac{\frac{90-30}{2}}{150} = \dfrac{1}{n} \rightarrow$ 安全係數n=3

---

6 有一鋼製長筒狀兩端封閉之圓柱形薄壁壓力容器，其外徑為250mm，壁厚為5mm，材料之降伏強度為200MPa，若考量其為三維應力之狀態下，並以最大剪應力破壞理論（maximum shear stress failure theory）作設計準則，試求在安全係數為2.0之情形下，此容器所容許之最大內壓力為多少？（103年身障三等）

解：薄壁圓柱容器之周向應力 $\sigma_1 = \dfrac{pr}{t} = \dfrac{p \times \frac{250}{2}}{5} = 25P$

薄壁圓柱容器之軸向應力 $\sigma_2 = \dfrac{pr}{2t} = \dfrac{p \times \frac{250}{2}}{2 \times 5} = 12.5P$

$\therefore$ 最大剪應力 $\tau_{max} = \dfrac{\sigma_1 - \sigma_2}{2} = \dfrac{25P - 12.5P}{2} = 6.25P$

最大剪應力破壞理論為 $n = \dfrac{S_{YT}}{2\tau_{max}} \rightarrow \tau_{max} = \dfrac{S_{YT}}{2n}$

$\therefore 6.25P = \dfrac{200}{2 \times 2}$，可得容許最大內壓力P=8MPa

7 1045 的熱軋（Hot-rolled）鋼板，承受下列應力：$\sigma_x = 231$ kg/cm^2，$\sigma_y = -2030$ kg/cm^2，$\tau_{xy} = 0$。材料降伏強度為$\sigma_{yp} = 3150$ kg/cm^2。

(一) 試以最大剪應力理論求安全係數N_{fs}。

(二) 試以von Mises-Hencky理論，求安全係數N_{fs}。

(三) 若板料為Class 25的鑄鐵做成（抗壓強度$\sigma_{uc} = -7000$ kg/cm^2，抗拉強度$\sigma_{ut} = 1750$ kg/cm^2），求安全係數N_{fs}。（103年高考三級）

解：(一) 最大剪應力理論，發生降伏破壞的條件為：

$2\tau_{max} \geq S_{YT}$，而安全係數$n = \dfrac{S_{YT}}{2\tau_{max}}$

其中τ_{max}為剪應力，S_{YT}為拉伸降伏應力

因此，$\tau_{max} = \sqrt{(\dfrac{\sigma_x - \sigma_y}{2})^2 + \tau_{xy}{}^2} = \sqrt{(\dfrac{231 + 2030}{2})^2 + 0^2}$

$\qquad\qquad = 1130.5\text{kg/cm}^2$

安全因數$n = \dfrac{S_{YT}}{2\tau_{max}} = \dfrac{3150}{1130.5} = 2.79$

(二) 畸變能理論，若材料承受雙軸向應力時，發生降伏破壞的條件為：

$S_{ET} = \sqrt{(\sigma_x)^2 + (\sigma_y)^2 - \sigma_x\sigma_y + 3\tau_{xy}{}^2} \geq S_{YT}$，而安全係數$n = \dfrac{S_{YT}}{S_{ET}}$

其中σ_x、σ_y為軸向應力，τ_{xy}為剪應力，S_{ET}為等效拉應力，S_{YT}為拉伸降伏應力，因此，

$S_{ET} = \sqrt{(\sigma_x)^2 + (\sigma_y)^2 - \sigma_x\sigma_y + 3\tau_{xy}{}^2}$

$\qquad = \sqrt{231^2 + (-2030)^2 - 231 \times (-2030) + 3 \times 0^2}$

$\qquad = 2154.8\text{kg/cm}^2$

安全因數$n = \dfrac{S_{YT}}{S_{ET}} = \dfrac{3150}{2154.8} = 1.46$

(三) 應用最大正應力理論

因為剪應力 $\tau_{xy}=0$，因此主應力 $\sigma_{1,2}=\sigma_{x,y}=231$ 與 -2030kg/cm^2

其中 $\sigma_1=231$ 為拉應力，$\sigma_2=-2030$ 為壓應力

因此抗拉安全係數 $n_1=\dfrac{1750}{231}=7.57$，抗壓安全係數 $n_2=\dfrac{7000}{2030}=3.45$

---

8 解釋並說明下列專有名詞或觀念：

(一) 安全係數（safety factor）

(二) 最大變形能理論（von Mises stress）

(三) 耐久限（endurance limit）

(四) 線性毀損律（Miner's rule）

(五) 蘇德堡疲勞破壞理論（Soderberg fatigue failure criteria）

（103年專技高考）

解：(一) 安全係數為極限應力與工作容許應力的比值。安全係數設計值必須大於1才能算是安全設計。安全係數越高，代表發生破壞機率越小，但相對地成本會越高。

$$\text{安全因數}=\frac{\text{極限應力}}{\text{容許應力}}$$

(二) 最大變形能理論又稱畸變能理論適用於延性材料。此理論主張當材料受拉力而產生之等效拉應力 S_{ET} 大於材料之拉伸降伏應力 S_{YT} 時，材料即發生破壞。

(三) 進行疲勞損壞試驗時，材料試片的總應力循環數已達到 10^6 至 10^7 次，而試片仍未發生疲勞損壞的最大交變應力值稱為耐久限。

(四) 線性毀損律即為麥納法則（Miner's Rule），或稱「線性累積損壞理論」，為累積疲勞破壞之理論。

$$\sum n_i = N \quad , \quad \alpha_i = \frac{n_i}{N}$$

$$\sum_{i=1}^{n}\frac{n_i}{L_i}=1\ \text{，即}\ \frac{n_1}{L_1}+\frac{n_2}{L_2}+\frac{n_3}{L_3}+\cdots\cdots+\frac{n_i}{L_i}=1$$

$$\sum_{i=1}^{n}\frac{\alpha_i}{L_i}=\frac{1}{N}\ \text{，即}\ \frac{\alpha_1}{L_1}+\frac{\alpha_2}{L_2}+\frac{\alpha_3}{L_3}+\cdots\cdots+\frac{\alpha_i}{L_i}=\frac{1}{N}$$

其中

Li：單獨負荷作用時，在應力σi時之疲勞壽命

ni：交變負荷作用時，在應力σi時之疲勞壽命

N：交變負荷作用之總疲勞壽命

αi：在應力σi時之疲勞壽命占總壽命之百分比

(五) 若平均應力$\sigma_{av}=0$，則所有變動負荷皆為交變應力，其應力值σ_r大於疲勞強度S_e時就會發生破壞。因此同理，若交變應力$\sigma_r=0$，則所有變動負荷皆為靜態應力，其應力值σ_{av}大於降伏強度S_y時就會發生破壞。

索德柏線方程式為：$\dfrac{\sigma_{av}}{S_y}+K\dfrac{\sigma_r}{S_e}=\dfrac{1}{n}$

其中，平均應力$\sigma_{av}=\dfrac{\text{反覆應力最大值}\sigma_{max}+\text{反覆應力最小值}\sigma_{min}}{2}$

交變應力$\sigma_r=\dfrac{\text{反覆應力最大值}\sigma_{max}-\text{反覆應力最小值}\sigma_{min}}{2}$

S_y：材料降伏強度　　　　S_e：材料疲勞強度

K：應力集中因子　　　　n：安全係數

9 一根直徑D=60mm且降伏強度S_y=290Mpa的實心鋼軸，同時受到組合軸向負載P及扭矩T的作用。已知扭矩T=2 kN-m，安全係數FS=2。根據最大畸變能失效準則，試求可同時作用在該軸件使其不會產生失效的最大軸向負載P。（104年地特三等）

解：此鋼軸受到之軸向正應力$\sigma=\dfrac{P}{\dfrac{\pi}{4}\times0.06^2}=353.68P(Pa)=3.54\times10^{-4}P(MPa)$

此鋼軸受到之扭轉剪應力 $\tau = \dfrac{2000 \times 0.03}{\dfrac{\pi}{32} \times 0.06^4} = 47.16(MPa)$

等效拉應力 $S_{ET} = \sqrt{\sigma^2 + 3\tau_{xy}{}^2} = \sqrt{(3.54 \times 10^{-4}P)^2 + 3 \times 47.16^2}$

而安全係數 $n = \dfrac{S_{YT}}{S_{ET}} \to S_{ET} = \dfrac{S_{YT}}{n}$，因此，$\sqrt{(3.54 \times 10^{-4}P)^2 + 3 \times 47.16^2} = \dfrac{290}{2}$

可得軸向負載 P＝338.43kN

---

10 一個由碳鋼製成的機械元件，受到組合負載作用下在其臨界點產生的應力狀態為 $\sigma_x = 120\ Mpa$、$\sigma_y = 60\ Mpa$ 及 $\tau_{xy} = 40\ Mpa$。當安全係數 FS＝2 時，根據最大畸變能失效理論，求該元件不會失效的最小降伏強度（yield strength）S_y。（104年地特四等）

解：畸變能理論，若材料承受雙軸向應力時，發生降伏破壞的條件為：

$S_{ET} = \sqrt{(\sigma_x)^2 + (\sigma_y)^2 - \sigma_x\sigma_y + 3\tau_{xy}{}^2} \geq S_{YT}$，而安全係數 $n = \dfrac{S_{YT}}{S_{ET}}$

其中 σ_x、σ_y 為軸向應力，τ_{xy} 為剪應力，S_{ET} 為等效拉應力，S_{YT} 為拉伸降伏應力，因此，

等效拉應力 $S_E = \sqrt{(\sigma_x)^2 + (\sigma_y)^2 - \sigma_x\sigma_y + 3\tau_{xy}{}^2}$

$\qquad\qquad = \sqrt{120^2 + 60^2 - 120 \times 60 + 3 \times 40^2}$

$\qquad\qquad = 124.90MPa$

安全因數 $n = \dfrac{S_Y}{S_E} \to$ 降伏應力 $S_Y = nS_E = 2 \times 124.9 = 249.8MPa$

本章依據出題頻率區分，屬：**C** 頻率低

第三章　軸系及其相關元件設計

課前導讀

1.軸之靜態負荷：組合負載
2.靜態負荷之軸設計：畸變能理論
3.靜態負荷之軸設計：最大剪應力理論
4.動態負荷之軸設計：索德柏破壞理論
5.動態負荷之軸設計：修正古德曼破壞理論
6.軸相關元件設計：鍵

軸之組合負載是基礎材料力學的延伸應用，因此一直是出題者的最愛，因此於軸上個位置的應力求法務必熟悉。至於各種破壞理論應用在軸方面的題型，考出比率與組合負載不相上下。

鍵相關的題型出現比例相對低了許多，但偶爾仍會出現，因此請讀者仍需研讀。

★ 重要公式整理

軸向應力	$\sigma = \dfrac{P}{A}$
彎曲應力	$\sigma = \dfrac{My}{I}$
扭矩剪應力	$\tau = \dfrac{T\rho}{J}$
橫向剪應力	$\tau = \dfrac{VQ}{It}$
橫向彎曲應力	$\sigma = \dfrac{My}{I}$
畸變能理論	1. 若材料承受雙軸向應力時，發生破壞的條件為 $S_{ET} = \sqrt{(\sigma_1)^2 + (\sigma_2)^2 - \sigma_1\sigma_2} \geq S_{YT}$，而安全係數 $n = \dfrac{S_{YT}}{S_{ET}}$

畸變能理論	$S_{ET} = \sqrt{(\sigma_x)^2 + (\sigma_y)^2 - \sigma_x\sigma_y + 3\tau_{xy}{}^2} \geq S_{YT}$ ， 而安全係數$n = \dfrac{S_{YT}}{S_{ET}}$ 2. 若材料承受單純剪應力時，發生破壞的條件為 $S_{ET} = \sqrt{3}\tau_{max} \geq S_{YT}$ ，而安全係數$n = \dfrac{S_{YT}}{S_{ET}}$
最大剪應力 理論	發生破壞的條件為： $2\tau_{max} \geq S_{YT}$ ，而安全係數$n = \dfrac{S_{YT}}{2\tau_{max}}$
索德柏 破壞理論	$\dfrac{\sigma_{av}}{S_y} + K\dfrac{\sigma_r}{S_e} = \dfrac{1}{n}$
修正古德曼 破壞理論	$\dfrac{\sigma_{av}}{S_u} + K\dfrac{\sigma_r}{S_e} = \dfrac{1}{n}$（若題目未特別強調，皆用此式求解） $\dfrac{\sigma_{av}}{S_y} + K\dfrac{\sigma_r}{S_e} = \dfrac{1}{n}$
鍵之強度	1. 扭矩$T = F \times \dfrac{d}{2}$ 2. 傳動功率$P = T\omega = Fv$ 3. 正向壓應力$\sigma = \dfrac{\dfrac{T}{d/2}}{L \times \dfrac{H}{2}} = \dfrac{4T}{dLH}$ 4. 切線剪應力$\tau = \dfrac{\dfrac{T}{d/2}}{L \times W} = \dfrac{2T}{dLW}$ 5. 正向壓應力σ與切線剪應力τ之比值 $\dfrac{\sigma}{H} = \dfrac{2W}{H}$

焦點統整

3-1 軸之組合負載

通常一軸所承受的負荷並不會只是單一負載，而是由許多負載同時施加於軸上。
而負載型式有軸向力、純彎矩、扭矩及橫向負荷。其中軸向力、純彎矩與橫向負
荷會造成正應力（或稱彎曲應力）σ的產生，而扭矩及橫向負荷會造成剪應力τ的
產生。

由於組合負載是由上述這些應力依其方向性疊加而成，因此我們再複習一下第一
章由各單一負荷所造成的應力定義與公式。

1.**軸向力**：正應力

軸受力表面與施力方向呈正交方向之應力，稱為正應力σ。

$$\sigma = \frac{軸向負載P}{截面積A}$$

2.**純彎矩**：正應力

軸承受純彎矩M作用時，會產生拉伸或壓縮正應力σ，又稱彎曲應力。

$$\sigma = \frac{My}{I}$$

其中y為欲求彎曲應力處至中性軸之距離，I為承受彎曲作用截面對中性軸之
慣性矩。

3.**扭矩**：剪應力

軸受到扭矩T作用時，會產生剪應力τ。

$$\tau = \frac{T\rho}{J}$$

其中ρ為欲求剪應力處為至軸心之距離，而J為截面之極慣性矩。

4.**橫向剪力**：剪應力與彎曲應力

軸受到橫向負荷V作用時，會同時產生橫向剪應力τ與彎曲應力σ。

$$\tau = \frac{VQ}{It}$$

其中Q為欲求剪應力處至邊緣所包圍的面積與此包圍面積的形心至中性軸距離之乘積，I為I為承受橫向負荷作用截面對中性軸之慣性矩，t為截面之寬度。

橫向剪應力之最大值發生在中性軸處。而軸正上方與正下方邊緣處之橫向剪應力則為零。若將軸之最大橫向剪應力值作簡化，則為：

圓形斷面軸$\tau_{max} = \dfrac{4V}{3A}$（發生在中性軸處）

矩形斷面軸$\tau_{max} = \dfrac{3V}{2A}$（發生在中性軸處）

而彎曲應力σ的求法與2.純彎矩之彎曲應力相同。

牛刀小試

某一實心圓軸同時受到一拉力負載P＝8kN與彎矩M＝55N-m的作用如圖，試求出A處與B處之主應力值與最大剪應力值。

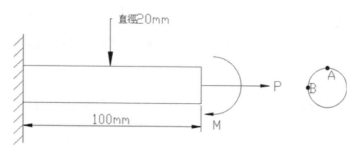

解：(1) 分析A點

A點受到的負載有拉力負載P造成的拉伸正應力以及彎矩M造成的拉伸彎曲應力。

$$\sigma_A = \frac{P}{A} + \frac{My}{I} = \frac{8000}{\dfrac{\pi \times 0.02^2}{4}} + \frac{55 \times 0.01}{\dfrac{\pi \times 0.02^4}{64}} = 94.49 \text{MPa}$$

因此主應力值$\sigma_{1,2}$為 $\dfrac{95.49+0}{2} \pm \sqrt{\left(\dfrac{95.49}{2}\right)^2 + 0^2} = 95.49 \text{MPa}$與0MPa

最大剪應力值τ_{max}為 $\dfrac{95.49-0}{2} = 47.75 \text{MPa}$

(2) 分析B點

B點受到的負載僅有拉力負載P造成的拉伸正應力。因為B點正處於中性軸位置，因此該處不會產生彎曲應力。

$$\sigma_B = \frac{P}{A} = \frac{8000}{\frac{\pi \times 0.02^2}{4}} = 25.46 \text{MPa}$$

因此主應力值$\sigma_{1,2}$為$\frac{25.46+0}{2} \pm \sqrt{\left(\frac{25.46}{2}\right)^2 + 0^2} = 25.46 \text{MPa}$與$0 \text{MPa}$

最大剪應力值τ_{max}為$\frac{25.46-0}{2} = 12.73 \text{MPa}$

3-2 軸設計：畸變能理論

1. 當材料受拉力而產生之等效拉應力S_{ET}大於材料之拉伸降伏應力S_{YT}時，材料即發生破壞。

2. 若材料承受雙軸向應力時，發生降伏破壞的條件為：

$S_{ET} = \sqrt{(\sigma_1)^2 + (\sigma_2)^2 - \sigma_1\sigma_2} \geq S_{YT}$，而安全係數$n = \frac{S_{YT}}{S_{ET}}$

其中σ_1、σ_2為主應力，S_{ET}為等效拉應力，S_{YT}為拉伸降伏應力

$S_{ET} = \sqrt{(\sigma_x)^2 + (\sigma_y)^2 - \sigma_x\sigma_y + 3\tau_{xy}^2} \geq S_{YT}$，而安全係數$n = \frac{S_{YT}}{S_{ET}}$

其中σ_x、σ_y為軸向應力，τ_{xy}為剪應力，S_{ET}為等效拉應力，S_{YT}為拉伸降伏應力

3. 若材料承受單純剪應力時，發生降伏破壞的條件為：

$S_{ET} = \sqrt{3}\tau_{max} \geq S_{YT}$，而安全係數$n = \frac{S_{YT}}{S_{ET}}$

其中τ_{xy}為最大剪應力，S_{ET}為等效拉應力，S_{YT}為拉伸降伏應力

牛刀小試

某一實心圓軸同時受到一拉力負載P=8kN與彎矩M=55N-m的作用如下圖，試利用畸變能理論求出A處與B處之安全係數。（材料降伏強度S_y=300MPa）

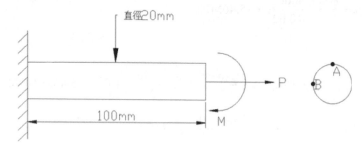

解：(1) 分析A點

A點受到的負載有拉力負載P造成的拉伸正應力以及彎矩M造成的拉伸彎曲應力。

$$\sigma_A = \frac{P}{A} + \frac{My}{I} = \frac{8000}{\frac{\pi \times 0.02^2}{4}} + \frac{55 \times 0.01}{\frac{\pi \times 0.02^4}{64}} = 94.49\text{MPa}$$

因此主應力值$\sigma_{1,2}$為 $\frac{95.49 + 0}{2} \pm \sqrt{\left(\frac{95.49}{2}\right)^2 + 0^2} = 95.49\text{MPa}$與0MPa

等效應力 $S_{ET} = \sqrt{(\sigma_1)^2 + (\sigma_2)^2 - \sigma_1\sigma_2} = \sqrt{(95.49)^2 + (0)^2 - 95.49 \times 0}$

$\qquad = 95.49\text{MPa}$

而安全係數$n = \dfrac{S_Y}{S_{ET}} = \dfrac{300}{95.49} = 3.14$

(2) 分析B點

B點受到的負載僅有拉力負載P造成的拉伸正應力。因為B點正處於中性軸位置，因此該處不會產生彎曲應力。

$$\sigma_B = \frac{P}{A} = \frac{8000}{\frac{\pi \times 0.02^2}{4}} = 25.46\text{MPa}$$

因此主應力值$\sigma_{1,2}$為$\dfrac{25.46+0}{2}\pm\sqrt{\left(\dfrac{25.46}{2}\right)^2+0^2}=25.46\text{MPa}$與$0\text{MPa}$

等效應力$S_{ET}=\sqrt{(\sigma_1)^2+(\sigma_2)^2-\sigma_1\sigma_2}=\sqrt{(25.46)^2+(0)^2-25.46\times0}$

　　　　　$=25.46\text{MPa}$

而安全係數$n=\dfrac{S_Y}{S_{ET}}=\dfrac{300}{25.46}=11.78$

3-3　軸設計：最大剪應力理論

此理論主張當材料在受拉力作用下的2倍最大剪應力大於材料之拉伸降伏應力S_{YT}時，材料即發生破壞。

發生降伏破壞的條件為：$2\tau_{max}\geq S_{YT}$，而安全係數$n=\dfrac{S_{YT}}{2\tau_{max}}$

其中τ_{max}為剪應力，S_{YT}為拉伸降伏應力

牛刀小試

某一根以ASTM36鋼製之直徑50mm實心圓軸，目前承受應力負荷為$\sigma_x=100\text{MPa}$、$\sigma_y=30\text{MPa}$，τ_{xy}為未知數，ASTM36之降伏強度為260MPa。今以最大剪應力理論計算出此軸之安全係數為3，試求出：

(1) 最大剪應力τ_{max}　　(2) 剪應力τ_{xy}　　(3) 主應力σ_x、σ_y

解：(1) 依據最大剪應力理論，安全係數$n=\dfrac{S_{YT}}{2\tau_{max}}$

　　　　$\therefore$最大剪應力$\tau_{max}=\dfrac{S_{YT}}{2n}=\dfrac{260}{2\times3}=43.33\text{MPa}$

(2) $\tau_{max}^2 = (\dfrac{\sigma_x - \sigma_y}{2})^2 + \tau_{xy}^2 \rightarrow (\dfrac{100 - 30}{2})^2 + \tau_{xy}^2$

∴剪應力τ_{xy}=25.54MPa

(3) 主應力$\sigma_{1,2} = (\dfrac{\sigma_x + \sigma_y}{2}) \pm \tau_{max} = (\dfrac{100 + 30}{2}) \pm 43.33 = 108.33$或21.67MPa

3-4　軸設計：索德柏破壞理論

若平均應力σ_{av}=0，則所有變動負荷皆為交變應力，其應力值σ_r大於疲勞強度S_e時就會發生破壞。因此同理，若交變應力σ_r=0，則所有變動負荷皆為靜態應力，其應力值σ_{av}大於降伏強度S_y時就會發生破壞。

索德柏線方程式為：$\dfrac{\sigma_{av}}{S_y} + K\dfrac{\sigma_r}{S_e} = \dfrac{1}{n}$

其中，平均應力$\sigma_{av} = \dfrac{\text{反覆應力最大值}\sigma_{max} + \text{反覆應力最小值}\sigma_{min}}{2}$

交變應力$\sigma_r = \dfrac{\text{反覆應力最大值}\sigma_{max} - \text{反覆應力最小值}\sigma_{min}}{2}$

S_y：材料降伏強度　　　　　S_e：材料疲勞強度

K：應力集中因子　　　　　　n：安全係數

牛刀小試

某一圓軸承受一波動扭矩負荷以及一波動彎矩負荷。

波動扭矩負荷：0~1.5kN-m　　　波動彎矩負荷：1~1.5kN-m

假設以上兩種負荷之應力集中因子皆為2.0，軸材料極限強度S_u=420MPa，極限強度S_y=250MPa，疲勞強度S_e=150MPa，安全係數設計值為2，試應用索德柏與最大剪應力破壞理論求出軸徑大小。

解：假設軸徑為d，單位為m

$$最小剪應力\tau_{min}=\frac{16T_{min}}{\pi d^3}=\frac{16\times0}{\pi d^3}=0$$

$$最大剪應力\tau_{max}=\frac{16T_{max}}{\pi d^3}=\frac{16\times1500}{\pi d^3}=\frac{7639.44}{d^3}$$

$$最小正應力\sigma_{min}=\frac{32M_{min}}{\pi d^3}=\frac{32\times1000}{\pi d^3}=\frac{10185.92}{d^3}$$

$$最大正應力\sigma_{max}=\frac{32M_{max}}{\pi d^3}=\frac{32\times1500}{\pi d^3}=\frac{15278.87}{d^3}$$

$$\sigma_{av}=\frac{\sigma_{max}+\sigma_{min}}{2}=\frac{12732.40}{d^3}\ ,\ \sigma_r=\frac{\sigma_{max}-\sigma_{min}}{2}=\frac{2546.48}{d^3}$$

$$\tau_{av}=\frac{\tau_{max}+\tau_{min}}{2}=\frac{3819.72}{d^3}\ ,\ \tau_r=\frac{\tau_{max}-\tau_{min}}{2}=\frac{3819.72}{d^3}$$

索德柏破壞理論

$$\frac{\sigma_{av}}{S_y}+K\frac{\sigma_r}{S_e}=\frac{1}{n}=\frac{\sigma_e}{S_y}\ ,\ 其中\sigma_e為等效正應力$$

$$\frac{\tau_{av}}{S_y}+K\frac{\tau_r}{S_e}=\frac{1}{n}=\frac{\tau_e}{S_y}\ ,\ 其中\tau_e為等效剪應力$$

$$因此，\sigma_e=\sigma_{av}+K\frac{S_y\sigma_r}{S_e}=\frac{12732.40}{d^3}+\frac{2\times250\times10^6}{150\times10^6}\times\frac{2546.48}{d^3}=\frac{21220.67}{d^3}Pa$$

$$\tau_e=\tau_{av}+K\frac{S_y\tau_r}{S_e}=\frac{3819.72}{d^3}+\frac{2\times250\times10^6}{150\times10^6}\times\frac{3819.72}{d^3}=\frac{16552.12}{d^3}Pa$$

$$\tau_{max}=\sqrt{\left(\frac{\sigma_e}{2}\right)^2+\tau_e^2}=\frac{19660.92}{d^3}Pa$$

$$最大剪應力理論之安全係數n=\frac{S_{YT}}{2\tau_{max}}\rightarrow2=\frac{270\times10^6}{2\times\frac{19660.92}{d^3}}$$

軸徑d＝0.06628m＝66.28mm

3-5 軸設計：修正古德曼破壞理論

修正古德曼線為因應脆性材料之極限強度修正的方程式：$\dfrac{\sigma_{av}}{S_u}+K\dfrac{\sigma_r}{S_e}=\dfrac{1}{n}$

牛刀小試

某一圓軸承受一波動扭矩負荷以及一波動彎矩負荷。

波動扭矩負荷：0~1.5kN-m   波動彎矩負荷：1~1.5kN-m

假設以上兩種負荷之應力集中因子皆為2.0，軸材料極限強度S_u＝420MPa，極限強度S_y＝250MPa，疲勞強度S_e＝150MPa，安全係數設計值為2，試應用修正古德曼與畸變能破壞理論求出軸徑大小。

解：假設軸徑為d，單位為m

最小剪應力$\tau_{min}=\dfrac{16T_{min}}{\pi d^3}=\dfrac{16\times 0}{\pi d^3}=0$

最大剪應力$\tau_{max}=\dfrac{16T_{max}}{\pi d^3}=\dfrac{16\times 1500}{\pi d^3}=\dfrac{7639.44}{d^3}$

最小正應力$\sigma_{min}=\dfrac{32M_{min}}{\pi d^3}=\dfrac{32\times 1000}{\pi d^3}=\dfrac{10185.92}{d^3}$

最大正應力$\sigma_{max}=\dfrac{32M_{max}}{\pi d^3}=\dfrac{32\times 1500}{\pi d^3}=\dfrac{15278.87}{d^3}$

$\sigma_{av}=\dfrac{\sigma_{max}+\sigma_{min}}{2}=\dfrac{12732.40}{d^3}$, $\sigma_r=\dfrac{\sigma_{max}-\sigma_{min}}{2}=\dfrac{2546.48}{d^3}$

$\tau_{av}=\dfrac{\tau_{max}+\tau_{min}}{2}=\dfrac{3819.72}{d^3}$, $\tau_r=\dfrac{\tau_{max}-\tau_{min}}{2}=\dfrac{3819.72}{d^3}$

修正古德曼破壞理論

$\dfrac{\sigma_{av}}{S_u}+K\dfrac{\sigma_r}{S_e}=\dfrac{1}{n}=\dfrac{\sigma_e}{S_u}$ ，其中σ_e為等效正應力

$\dfrac{\tau_{av}}{S_u}+K\dfrac{\tau_r}{S_e}=\dfrac{1}{n}=\dfrac{\tau_e}{S_u}$ ，其中τ_e為等效剪應力

因此，$\sigma_e = \sigma_{av} + K\dfrac{S_u\sigma_r}{S_e} = \dfrac{12732.40}{d^3} + \dfrac{2\times420\times10^6}{150\times10^6}\times\dfrac{2546.48}{d^3} = \dfrac{26992.69}{d^3}\text{Pa}$

$\tau_e = \tau_{av} + K\dfrac{S_u\tau_r}{S_e} = \dfrac{3819.72}{d^3} + \dfrac{2\times420\times10^6}{150\times10^6}\times\dfrac{3819.72}{d^3} = \dfrac{25210.15}{d^3}\text{Pa}$

畸變能理論 $\rightarrow S_{ET} = \sqrt{(\sigma_x)^2 + (\sigma_y)^2 - \sigma_x\sigma_y + 3\tau_{xy}^{\;2}}$

$\qquad\qquad = \sqrt{(\dfrac{26992.69}{d^3})^2 + 3\left(\dfrac{25210.15}{d^3}\right)^2}$

$\qquad\qquad = \dfrac{51334.79}{d^3}$

畸變能理論之安全係數 $n = \dfrac{S_{YT}}{S_{ET}} \rightarrow 2 = \dfrac{270\times10^6}{\dfrac{51334.79}{d^3}}$

軸徑 $d = 0.07245\text{m} = 72.45\text{mm}$

3-6　軸相關元件設計：鍵

鍵為軸之附屬相關元件，其功用在於將軸與其它傳動元件之間做緊密結合，並使兩者之間無相對運動產生，並進行動力傳輸使機械運動持續進行。安裝方式為將鍵之部分嵌入軸之鍵座，而其餘部分則嵌入如齒輪、鏈輪等傳動元件之鍵槽內如下圖一所示。

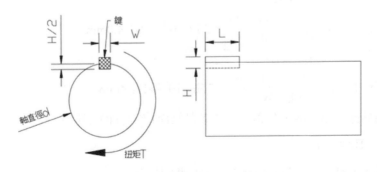

圖一

鍵強度相關之公式

1. 扭矩 $T = F \times \dfrac{d}{2}$

2. 傳動功率 $P = T\omega = Fv$

3. 正向壓應力 $\sigma = \dfrac{\dfrac{T}{d/2}}{L \times \dfrac{H}{2}} = \dfrac{4T}{dLH}$

4. 切線剪應力 $\tau = \dfrac{\dfrac{T}{d/2}}{L \times W} = \dfrac{2T}{dLW}$

5. 正向壓應力 σ 與切線剪應力 τ 之比值：$\dfrac{\sigma}{H} = \dfrac{2W}{H}$

牛刀小試

某一直徑50mm之圓軸承受一300N-m之扭矩。今利用一長度為20mm之方鍵將此軸與鏈輪作連結，在不考慮安全因數與疲勞因素的前提下，此方鍵之長寬至少需多少mm才能承受此扭矩？（鍵之材料容許正應力為250MPa，容許剪應力為150MPa）

解：切線力 $F = \dfrac{T}{d/2} = \dfrac{300}{0.025} = 12000N$

條件1.　$\sigma = \dfrac{F}{\dfrac{H}{2} \times L} = \dfrac{12000}{\dfrac{H}{2} \times 0.02} \leq 250 \times 10^6 \rightarrow H \geq 4.8mm$

條件2.　$\tau = \dfrac{F}{W \times L} = \dfrac{12000}{W \times 0.02} \leq 150 \times 10^6 \rightarrow H \geq 4mm$

由於此鍵為方鍵，在必頭同時滿足條件1.與條件2.的情形下，

$W = H \geq 4.8mm$

因此，長寬至少為4.8mm才能承受此扭矩

精選試題演練

1 某輪轂（hub）材質的降伏強度S_y為97MPa，以w×h的截面，長度為20mm，降伏強度S_y為295MPa的鋼製鍵（key），連結直徑為35mm鋼製的軸，如圖所示。當此輪軸需傳遞40N-m的扭力，且安全係數為3時，試問：

(一) 考慮鍵受到剪應力，設計鍵的需要寬度w？

(二) 考慮輪轂受到壓應力，設計鍵的需要高度h？

（注意：剪應力允許值為0.4S_y，壓應力允許值為0.9S_y）（102年高考三級）

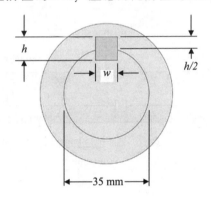

解：(一) $\tau_{allow} = \dfrac{2T}{dLW} = \dfrac{2 \times 40}{0.035 \times 0.02 \times W} = \dfrac{114285.71}{W}$

$\tau_{allow} = \dfrac{S_y}{n} = \dfrac{114285.71}{W} = \dfrac{295 \times 10^6}{3}$

可得設計鍵寬度為1.16mm

(二) $\sigma_{allow} = \dfrac{4T}{dLW} = \dfrac{4 \times 40}{0.035 \times 0.02 \times H} = \dfrac{228571.43}{H}$

$\tau_{allow} = \dfrac{S_y}{n} = \dfrac{114285.71}{W} = \dfrac{97 \times 10^6}{3}$

2 如圖所示，有一直徑40mm，長度為200mm之實心圓軸，兩端為簡支樑，在中央處有一垂直向下之負荷P=5000N，且在兩端各施以扭矩T=800N-m以及正壓力F=900N。若該軸不旋轉，且各負荷為穩態負荷，試求：

(一) 軸中央水平側面A處之應力。

(二) 距軸右端支撐50 mm處，底部B處之應力。

(三) 若傳動軸為延性材料，其降伏強度S_y為620 MPa，安全因數N為1.8。試利用最大剪應力損壞理論求該軸之最小安全直徑。

(四) 若要配合市售軸承標準件之內徑，則軸直徑應改為多少mm才合理？

（103年地特四等）

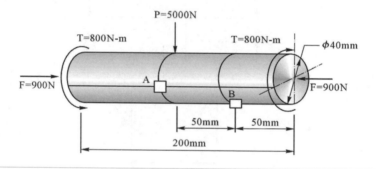

解：(一) 軸向正應力$\sigma_F = \dfrac{P}{A} = \dfrac{900}{\dfrac{\pi}{4} \times 0.04^2} = 0.72\text{MPa}(\leftarrow)$

扭轉剪應力$\tau_T = \dfrac{16T}{\pi d^3} = \dfrac{16 \times 800}{\pi \times 0.04^3} = 63.66\text{MPa}(\uparrow)$

橫向剪應力$\tau_P = \dfrac{4V}{3A} = \dfrac{4 \times 2500}{3 \times \dfrac{\pi}{4} \times 0.04^2} = 2.65\text{MPa}(\uparrow)$

$\therefore \sigma = \sigma_F = 0.72\text{MPa}$，$\tau = \tau_T + \tau_P = 63.66 + 2.65 = 66.31\text{MPa}$

(二) 軸向正應力$\sigma_F = \dfrac{P}{A} = \dfrac{900}{\dfrac{\pi}{4} \times 0.04^2} = 0.72\text{MPa}(\leftarrow)$

彎曲正應力$\sigma_M = \dfrac{32M}{\pi d^3} = \dfrac{32 \times 2500 \times 0.05}{\pi \times 0.04^3} = 19.89\text{MPa}(\rightarrow)$

扭轉剪應力$\tau_T = \dfrac{16T}{\pi d^3} = \dfrac{16 \times 800}{\pi \times 0.04^3} = 63.66\text{MPa}(\uparrow)$

$\therefore \sigma = \sigma_F + \sigma_M = 19.89 - 0.72 = 19.17\text{MPa}$，$\tau = \tau_T = 63.66\text{MPa}$

(三) $(\tau_A)_{max} = \sqrt{(\dfrac{0.72}{2})^2 + 66.31^2} = 66.31\text{MPa}$

$\quad (\tau_B)_{max} = \sqrt{(\dfrac{19.17}{2})^2 + 63.66^2} = 64.38\text{MPa}$

由於$(\tau_A)_{max} > (\tau_B)_{max}$，因此以A點作為分析點

最大剪應力破壞理論為$n = \dfrac{S_y}{2\tau_{max}} \rightarrow \tau_{max} = \dfrac{620}{2 \times 1.8} = 172.22\text{MPa}$

$(172.22 \times 10^6)^2 = (\dfrac{1}{2} \times \dfrac{900}{\dfrac{\pi d^2}{4}})^2 + (\dfrac{16 \times 800}{\pi d^3} \times \dfrac{4 \times 2500}{3 \times \dfrac{\pi d^2}{4}})^2$

簡化後，$(172.22 \times 10^6)^2 = (\dfrac{572.96}{d^2})^2 + (\dfrac{4074.37}{d^2} + \dfrac{4244.13}{d^2})^2$

利用試誤法可求得$d = 0.0290\text{m} = 29.0\text{mm}$

(四) 直徑應改為30cm才合理

---

3 一軸由SAE 4140之鉻鉬合金鋼製成，由一功率為7.5kW之馬達驅動。此軸轉速固定為50rpm。若此軸材料容許之剪應力為100MPa。
(一) 請決定此軸之最小直徑，以使此軸不會因為受到剪應力而破壞。
(二) 為配合市售之軸承內徑，則軸直徑應加大成多少mm較佳？
(三) 試述4140鉻鉬合金鋼適用於機器主軸之理由？（103年普考）

解：(一) $P = T\omega \rightarrow 7.5 \times 1000 = T \times \dfrac{50 \times 2\pi}{60}$

得扭矩$T = 1432.39\text{N-m}$

容許剪應力$\tau = \dfrac{16T}{\pi d^3} \rightarrow 100 \times 10^6 = \dfrac{16 \times 1432.39}{\pi \times d^3}$

得直徑$d = 0.04178\text{m} = 41.78\text{mm}$ $\therefore$最小軸徑為41.78mm

(二) 配合市售軸承內徑，軸徑加大成45mm較佳。

(三) AISI 4140合金鋼是含鉻、鉬、錳的低合金、高強度鋼。它具有很高的強度、耐磨性、耐衝擊性、韌性和抗扭強度，因此適用於機械主軸。

4 一個長200mm，直徑為42mm之軸在兩端各有一個滾珠軸承支撐，在軸的中間施以一1.5kN軸向力、一1.0kN徑向力及一72N-m扭力，假設徑向力及扭力均可被軸左端之馬達承受。若無應力集中的考量，請算出該軸最大的蒙氏應力（Von-Mises stress）。若材料之最小強度（minimum strength）為250MPa，求軸的安全係數。（104年高考三級）

解：(一) 考慮A點

$$\sigma_F = \frac{F}{A} = \frac{1500}{\frac{\pi}{4} \times 0.042^2} = 1.08 \text{MPa}$$

$$\sigma_M = \frac{MC}{I} = \frac{32M}{\pi d^3} = \frac{32 \times 100}{\pi \times 0.042^3} = 13.75 \text{MPa}$$

$$\tau_T = \frac{T\rho}{J} = \frac{16T}{\pi d^3} = \frac{16 \times 72}{\pi \times 0.042^3} = 4.95 \text{MPa}$$

$\therefore \sigma_A = \sigma_F + \sigma_M = 1.08 + 13.75 = 14.83 \text{MPa}$，$\tau_A = \tau_T = 4.95 \text{MPa}$

(二) 考慮B點

$$\sigma_F = 1.08 \text{MPa}$$

$$\tau_T = \frac{T\rho}{J} = \frac{16T}{\pi d^3} = \frac{16 \times 72}{\pi \times 0.042^3} = 4.95 \text{MPa}$$

$$\tau_P = \frac{4V}{3A} = \frac{4 \times 500}{3 \times \frac{\pi}{4} \times 0.042^2} = 0.48 \text{MPa}$$

$\therefore \sigma_B = \sigma_{FM} = 1.08 \text{MPa}$，$\tau_B = \tau_T + \tau_P = 4.95 + 0.48 = 5.43 \text{MPa}$

比較A、B點，可知A點所受應力較大，故以A點分析

蒙氏應力 $S_E = \sqrt{14.83^2 + 3 \times 4.95^2} = 17.13 \text{MPa}$

安全係數 $n = \frac{250}{17.13} = 14.59$

5 有一根承受扭矩的鋼製實心圓軸，圓軸的外徑為d＝15mm，圓軸的轉速為n＝1800rpm，許可工作剪應力為τ_w＝80N/mm^2，試求該軸所能承受的扭矩及所能傳遞的功率。（104年鐵路員級）

解： $\tau_{max}＝\dfrac{16T}{\pi d^3}\Rightarrow 80＝\dfrac{16T}{\pi \times 15^3}$，得扭矩T＝53.01N-m

功率P＝Tω＝53.01$\times \dfrac{1800\times 2\pi}{60}$＝9.99kW

6 有一根AISI1030碳鋼製成之圓軸承受到的變動彎曲力矩（自600N-m至1200N-m）及變動軸向負載（自6000N至12000N）的複合作用，鋼製圓軸的極限強度S_{ut}＝500MPa，降伏強度S_y＝480MPa，疲勞持久限S_e＝275MPa。若已知疲勞表面修正因數為0.96，疲勞尺寸修正因數為0.96，應力集中因數為1.0，所要求的設計安全係數為2.0，試以Soderberg疲勞破壞理論設計該圓軸之安全直徑。（104年鐵路高員三級）

解： $(\sigma_P)_{max}＝\dfrac{12000}{\dfrac{\pi}{4}d^2}＝\dfrac{15278.87}{d^2}$ ，$(\sigma_P)_{min}＝\dfrac{6000}{\dfrac{\pi}{4}d^2}＝\dfrac{7639.44}{d^2}$

$(\sigma_M)_{max}＝\dfrac{32\times 1200}{\pi d^3}＝\dfrac{12223.1}{d^3}$ ，$(\sigma_M)_{min}＝\dfrac{32\times 600}{\pi d^3}＝\dfrac{6111.55}{d^3}$

$\therefore \sigma_{max}＝(\sigma_P)_{max}+(\sigma_M)_{max}＝\dfrac{15278.87}{d^2}+\dfrac{12223.1}{d^3}$

$\sigma_{min}＝(\sigma_P)_{min}+(\sigma_M)_{min}＝\dfrac{7639.44}{d^2}+\dfrac{6111.55}{d^3}$

$\sigma_{av}＝\dfrac{\sigma_{max}+\sigma_{min}}{2}＝\dfrac{11459.16}{d^2}+\dfrac{9167.33}{d^3}$

$\sigma_r＝\dfrac{\sigma_{max}+\sigma_{min}}{2}＝\dfrac{3819.72}{d^2}+\dfrac{3055.78}{d^3}$

Soderberg疲勞破壞理論為$\dfrac{\sigma_{av}}{S_y}+K\dfrac{\sigma_r}{S_e}＝\dfrac{1}{n}$

因此，$\dfrac{\dfrac{11459.16}{d^2}\times\dfrac{9167.33}{d^2}}{480\times10^6}+0.96\times0.96\times1\times\dfrac{\dfrac{3819.72}{d^2}\times\dfrac{3055.78}{d^2}}{275\times10^6}=\dfrac{1}{2}$

可解得安全直徑d＝0.0395m＝39.5m

---

7 有一根直徑為50mm的鋼製圓軸，同時承受1000×10^3N-mm的彎曲力矩與一個未知扭矩，其降伏強度S_y＝400MPa，若設計要求安全係數必需為3，試以畸變能失效理論，計算出可加在此圓軸的最大扭矩。

（104年鐵路高員三級）

解：$\sigma_M=\dfrac{32M}{\pi d^3}=\dfrac{32\times1000}{\pi\times0.05^3}=81.48$MPa

安全係數$n=\dfrac{S_Y}{S_E}\rightarrow S_E=\dfrac{S_Y}{n}=\dfrac{400}{3}=133.33$MPa

畸變能理論$S_E^2=\sigma_M^2+3\tau_T^2\rightarrow133.33^2=81.48^2+3\tau_T^2$

得$\tau_T=60.93$MPa

又$\tau_T=\dfrac{16T}{\pi d^3}\rightarrow60.93\times10^6=\dfrac{16T}{\pi\times0.05^3}$

得扭矩T＝1.495kN-m

---

8 一實心軸承受的扭矩T＝20×10^5N-mm，該軸所能承受的最大剪應力為$\tau=50$N/mm^2，試求該軸的直徑。若有一空心軸所承受的扭矩與最大剪應力皆與前述之實心軸相同，且空心軸的內外直徑比為0.8，試求該空心軸的外徑。（104年鐵路高員三級）

解：（一）$\tau_{max}=\dfrac{16T}{\pi d^3}\rightarrow50=\dfrac{16\times20\times10^5}{\pi\times d^3}$

得軸徑d＝58.84m

(二) $\tau_{max} = \dfrac{T\rho}{J} \rightarrow 50 = \dfrac{20 \times 10^5 \times \dfrac{d_o}{2}}{\dfrac{\pi \times (d_o^{\ 4} - d_i^{\ 4})}{32}}$

$\dfrac{d_o}{d_o^{\ 4} - d_i^{\ 4}} = 4.91 \times 10^{-6}$ ，又 $d_i = 0.8 d_o$

因此軸外徑 $d_o = 70.13$mm

---

9 機械軸（shaft）上經常裝置些傳動元件（power-transmitting members），請回答下列問題：

(一) 請寫出任意四種裝置於軸上的傳動元件名稱（中英文皆可）。

(二) 當採用最大剪應力理論（maximum-shear-stress theory）於軸的設計時，預測設計失敗的關係式為：$\tau_{max} \geq \dfrac{S_y}{2n_s}$，請問符號 S_y 及 n_s 代表什麼意義？

(三) 於設計軸的關鍵部位（critical section）可算出應力狀態之主應力（principal stresses）σ_1，σ_2 及 σ_3，請以此應力狀態寫出第(二)小題預測設計失敗的關係式。

(四) 如下方圖中的傳動軸上裝置兩個鍊輪及其受力狀態，A及B為軸承，若以軸線方向為x座標，請繪出該軸的力平衡自由體圖（free-body diagram）。（102年台灣港務-助理技術員）

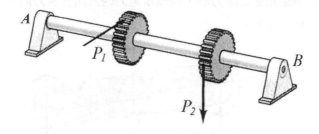

解：(一) 軸承、皮帶、聯軸器、齒輪。

(二) S_y 為降伏強度，n為安全係數。

(三) 失敗關係式為 $\sqrt{\dfrac{(\sigma_1-\sigma_2)^2+(\sigma_2-\sigma_3)^2+(\sigma_3-\sigma_1)^2}{2}} \geq \dfrac{S_Y}{n_S}$

(四)

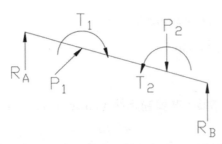

由B端往A端視之，T_1為順時針扭矩，而T_2為逆時計扭矩

10 如圖所示，軸的直徑d＝30mm，長度L＝150mm。假設作用於中間點的負荷P＝5000N是穩定的，軸的兩端為簡單支撐。軸不會旋轉，且施加在軸的兩端之扭矩T＝500N-m。

(一) A點元素位於軸表面之底部，請求出A點之彎曲應力值、扭轉剪應力與橫向剪應力。

(二) 繪製A點元素之應力圖，且標示應力的方向及應力值。

(三) B點元素位於中心線水平位置之表面，請求出B 點之彎曲應力值、扭轉剪應力與橫向剪應力。

(四) 繪製B點元素之應力圖，並標示應力的方向及應力值。

（102年台灣菸酒）

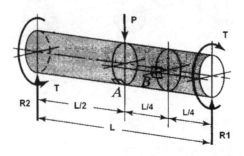

解：(一)彎曲正應力$\sigma_M = \dfrac{32M}{\pi d^3} = \dfrac{32 \times 2500 \times 0.075}{\pi \times 0.03^3} = 70.73\text{MPa}(\rightarrow)$

扭轉剪應力$\tau_T = \dfrac{16T}{\pi d^3} = \dfrac{16 \times 500}{\pi \times 0.03^3} = 94.31\text{MPa}(\uparrow)$

橫向剪應力$\tau_V = 0$

(二)

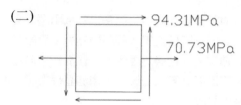

94.31MPa

70.73MPa

(三)彎曲正應力$\sigma_M = 0$

扭轉剪應力$\tau_T = 94.31\text{MPa}(\uparrow)$

橫向剪應力$\tau_V = \dfrac{4V}{3A} = \dfrac{4 \times 2500}{3 \times \dfrac{\pi}{4} \times 0.03^2} = 4.72\text{MPa}(\uparrow)$

$\tau = \tau_T + \tau_V = 94.31 + 4.72 = 99.03\text{MPa}(\uparrow)$

(四)

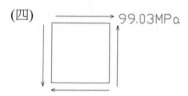

99.03MPa

本章依據出題頻率區分，屬：**B** 頻率中

第四章　彈簧設計

課前導讀

1.彈簧基礎概念
2.螺旋彈簧靜態負荷設計
3.螺旋彈簧動態負荷設計

彈簧基礎概念主要闡述彈簧設計領域中，彈簧之名稱用語定義、尺寸相關計算及彈簧串、並聯之特性差異。靜態與動態負荷設計為前面章節之材料力學與靜動態破壞理論之應用。彈簧靜態負荷設計之題型出題比率最高，其次是如串聯與並聯等運用的基礎概念，而彈簧動態負荷設計之出題比率最低。

⭐ **重要公式整理**

彈簧之串聯	1. $F=$ 常數 2. $\delta=\delta_1+\delta_2+\delta_3+\cdots$ 3. $\dfrac{1}{k}=\dfrac{1}{k_1}+\dfrac{1}{k_2}+\dfrac{1}{k_3}+\cdots$
彈簧之並聯	1. $F=F_1+F_2+F_3+\cdots$ 2. $\delta=$ 常數 3. $k=k_1+k_2+k_3+\cdots$
剪應力	$\tau=K_S=\dfrac{8FD_m}{\pi d^3}$，其中 K_S 稱為剪應力加值因數或應力修正係數，$K_S=1+\dfrac{0.615}{C}$
變形量、撓度	$\delta=\dfrac{8FD_m{}^3N_{eff}}{Gd^4}=\dfrac{8FC^3N_{eff}}{Gd}$
彈簧常數	$k=\dfrac{F}{\delta}=\dfrac{Gd^4}{8D_m{}^3N_{eff}}=\dfrac{Gd}{8C^3N_{eff}}$
有效圈數	$N_{eff}=\dfrac{Gd^4}{8D_m{}^3k}=\dfrac{\delta Gd^4}{8FD_m{}^3}$

彈簧總長度與 總體積	總長度 $L = 2\pi R_m(N_{eff} + N_{noneff})$ 總體積 $V = L\dfrac{\pi d^2}{4} = \dfrac{\pi^2 d^2 R_m(N_{eff} + N_{noneff})}{2}$
平均剪應力 交變剪應力	若波動負荷之最大值為 F_{max}，而最小值為 F_{min} 平均剪應力 $\tau_{av} = \dfrac{\tau_{max} + \tau_{min}}{2}$ $\qquad = K_S\dfrac{4D_m}{\pi d^3}(F_{max} + F_{min}) = K_S\dfrac{8D_m}{\pi d^3}F_{av}$ 交變剪應力 $\tau_r = \dfrac{\tau_{max} - \tau_{min}}{2}$ $\qquad = K_S\dfrac{4D_m}{\pi d^3}(F_{max} - F_{min}) = K_S\dfrac{8D_m}{\pi d^3}F_r$
索德柏破壞理論	$\dfrac{\sigma_{av}}{S_y} + K\dfrac{\sigma_r}{S_e} = \dfrac{1}{n}$
修正古德曼 破壞理論	$\dfrac{\sigma_{av}}{S_u} + K\dfrac{\sigma_r}{S_e} = \dfrac{1}{n}$

焦點統整

4-1 彈簧基礎概念

1. 螺旋彈簧基本用語

直徑 d：為彈簧之線徑。

外徑 D_o：螺旋彈簧線圈之最大直徑

內徑 D_i：螺旋彈簧線圈之最小直徑

平均直徑 D_m：內徑與半徑之平均值，即 $D_m = \dfrac{1}{2}(D_i + D_o)$

彈簧指數 C：平均直徑 D_m 與直徑 d 之比值，即 $C = \dfrac{D_m}{d}$

自由長度 L_0：螺旋彈簧在無外力拘束下之全長

有效圈數 N_{eff}：實際達到伸縮變形之圈數

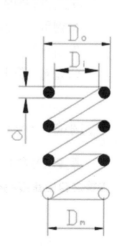

無效圈數N_{noneff}：未實際達到伸縮變形之圈數

變形量（或稱撓度）δ：螺旋彈簧外力拘束下之伸縮長度

壓實長度L_s：螺旋彈簧在外力作用下達到完全壓縮緊密之長度

2.**螺旋壓縮彈簧之相關尺寸關係式**

	彈簧端圈類型			
	平端	平端研磨	方端	方端研磨
有效圈數N_{eff}	N_{eff}	N_{eff}	N_{eff}	N_{eff}
無效圈數N_{noneff}	0	1	2	2
總圈數N_t	N_{eff}	$N_{eff}+1$	$N_{eff}+2$	$N_{eff}+2$
自由長度L_0	$P \times N_{eff}+d$	$p(N_{eff}+1)$	$P \times N_{eff}+3d$	$P \times N_{eff}+2d$
壓實長度L_s	$(N_t+1) \times d$	$N_t \times d$	$(N_t+1) \times d$	$N_t \times d$
	p：節距　　d：彈簧線徑			

3.**彈簧之串聯與並聯組合**

(1)彈簧串聯特性：

　　A.所有彈簧承受之外力負荷值皆相同（F＝常數）。

　　B.彈簧總變形量為每個彈簧之變形量總和（$\delta=\delta_1+\delta_2+\delta_3+\cdots$）

　　C.總體等值彈簧常數為$\dfrac{1}{k}=\dfrac{1}{k_1}+\dfrac{1}{k_2}+\dfrac{1}{k_3}+\cdots$

(2)彈簧並聯特性：

　　A.總承受外力為每個彈簧之受力總和。（$F=F_1+F_2+F_3+\cdots$）

　　B.所有彈簧之變形量皆相同（δ＝常數）。

　　C.總體等值彈簧常數為$k=k_1+k_2+k_3+\cdots$

牛刀小試

某一彈簧常數為4N/m的彈簧承受一0.1N之壓縮負荷後長度變成30mm，則此彈簧之自由長度為多少？壓縮至其壓實長度20mm需要多大的壓縮負荷？

解：(1) 變形量$\delta=\dfrac{F}{k}=\dfrac{0.1}{4}=0.025m=25mm$

自由長度為$30+25=55mm$

(2) 變形量$\delta=\dfrac{F}{k}=\dfrac{0.1}{4}=0.025m=25mm$

自由長度為$30+25=55mm$

$F=k\delta=4\times\dfrac{(55-20)}{1000}=0.14N$

4-2　螺旋彈簧靜態負荷設計

1. **剪應力**τ：當螺旋彈簧承受一外力F作用如圖一，所產生之應力為作用於彈簧
鋼線內之剪應力。

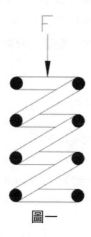

圖一

$\tau=K_S=\dfrac{8FD_m}{\pi d^3}$，其中$K_S$稱為剪應力加值因數或應力修正係數，在不同的教料

書中，$K_S=1+\dfrac{0.615}{C}$或$1+\dfrac{0.5}{C}$或$1+\dfrac{0.667}{C}$

由於有將曲率變化因素列入考量，因此最常被使用

2. 變形量（或稱撓度）$\delta = \dfrac{8FD_m{}^3N_{eff}}{Gd^4} = \dfrac{8FC^3N_{eff}}{Gd}$

3. 彈簧常數$k = \dfrac{F}{\delta} = \dfrac{Gd^4}{8D_m{}^3N_{eff}} = \dfrac{Gd}{8C^3N_{eff}}$

4. 有效圈數$N_{eff} = \dfrac{Gd^4}{8D_m{}^3k} = \dfrac{\delta Gd^4}{8FD_m{}^3}$

5. 彈簧總長度L與總體積V

　　總長度$L = 2\pi R_m(N_{eff} + N_{noneff})$

　　總體積$V = L\dfrac{\pi d^2}{4} = \dfrac{\pi^2 d^2 R_m(N_{eff} + N_{noneff})}{2}$

牛刀小試

有兩同心壓縮螺旋彈簧，較大的外部彈簧是由38mm直徑圓桿製成，螺旋外徑為225mm有6個作用圈。內部彈簧是由25mm直徑圓桿製成，螺旋外徑為140mm有9個作用圈。外部彈簧比內部彈簧的自由高度多19mm。試求出在9000牛頓負荷下，外部與內部每一彈簧的變形量與負荷。

解： 外圈彈簧

　　$D_i = D_o - 2d = 225 - 2 \times 38 = 149mm$

　　$D_m = \dfrac{1}{2}(D_i + D_o) = \dfrac{1}{2}(149 + 225) = 187mm$

　　$K_{外} = \dfrac{Gd^4}{8D_m{}^3N_{eff}} = \dfrac{77000 \times 38^4}{8 \times 187^3 \times 6} = 511.52N/mm$

　　內圈彈簧

　　$D_i = D_o - 2d = 140 - 2 \times 25 = 90mm$

　　$D_m = \dfrac{1}{2}(D_i + D_o) = \dfrac{1}{2}(90 + 140) = 115mm$

　　$K_{內} = \dfrac{Gd^4}{8D_m{}^3N_{eff}} = \dfrac{77000 \times 25^4}{8 \times 115^3 \times 9} = 274.68N/mm$

外圈彈簧多出的19mm先抵消後，還剩下$90000 - 511.52 \times 19 = 80281.12$N
由內外圈彈簧共同負擔。

$(511.52 + 274.68)\delta = 80281.12 \rightarrow$ 變形量$\delta = 102.11$mm

因此外圈彈簧之變形量$\delta_外 = 19 + 102.11 = 121.11$mm

外圈彈簧之負荷$F_外 = k_外\delta_外 = 511.52 \times 121.11 = 61950.19$N

內圈彈簧之變形量$\delta_內 = 121.11$mm

外圈彈簧之負荷$F_內 = k_內\delta_內 = 274.68 \times 102.11 = 28047.57$N

4-3 螺旋彈簧之動態負荷設計

分析程序：

若波動負荷之最大值為F_{max}，而最小值為F_{min}，

平均剪應力$\tau_{av} = \dfrac{\tau_{max} + \tau_{min}}{2} = K_S\dfrac{4D_m}{\pi d^3}(F_{max} + F_{min}) = K_S\dfrac{8D_m}{\pi d^3}F_{av}$

交變剪應力$\tau_r = \dfrac{\tau_{max} - \tau_{min}}{2} = K_S\dfrac{4D_m}{\pi d^3}(F_{max} - F_{min}) = K_S\dfrac{8D_m}{\pi d^3}F_r$

再將其導入至索德柏破壞理論與修正古德曼破壞理論進行解析

索德柏破壞理論 $= \dfrac{\sigma_{av}}{S_y} + K\dfrac{\sigma_r}{S_e} = \dfrac{1}{n}$

其中，應力集中因數$K = (4C - 1)/(4C - 4)$

修正古德曼破壞理論 $= \dfrac{\sigma_{av}}{S_u} + K\dfrac{\sigma_r}{S_e} = \dfrac{1}{n}$

其中，應力集中因數$K = (4C - 1)/(4C - 4)$

牛刀小試

某一線徑為5mm，抗剪強度τ_u為600MPa的螺旋彈簧，其彈簧指數C＝5。今承受一波動負荷，其平均負載為500N，若其疲勞強度為300MPa，安全因數設計值為1.5，試以修正古德曼理論求出波動負荷之最大值與最小值。【應力集中因數K＝(4C-1)/(4C-4)】

解：平均負載$F_{av}=\dfrac{F_{max}+F_{min}}{2}=500 \rightarrow F_{max}+F_{min}=1000N$-(1)

剪應力加值因數$K_s=1+\dfrac{0.615}{C}=1+\dfrac{0.615}{5}=1.123$

應力集中因數$K=\dfrac{4C-1}{4C-4}=\dfrac{4\times5-1}{4\times5-4}=1.1875$

$D_m=Cd=5\times5=25$

$\therefore$平均剪應力$\tau_{av}=K_s\dfrac{8D_m}{\pi d^3}F_{av}=1.123\times\dfrac{8\times25}{\pi\times5^3}\times500=285.97MPa$

修正古德曼理論

$\dfrac{\tau_{av}}{S_u}+K\dfrac{\tau_r}{S_e}=\dfrac{1}{n} \rightarrow \dfrac{285.97}{600}+1.1875\times\dfrac{\tau_r}{300}=\dfrac{1}{1.5}$，得$\tau_r=48.01MPa$

又$\tau_r=K_s\dfrac{4D_m}{\pi d^3}(F_{max}-F_{min}) \rightarrow 48.01=1.123\times\dfrac{4\times25}{\pi\times5^3}(F_{max}-F_{min})$

$\therefore F_{max}-F_{min}=167.88$-(2)

解(1)、(2)式得$F_{max}=583.97N$，$F_{min}=416.06N$

精選試題演練

1 有一由琴鋼絲所製成的螺旋壓縮彈簧，琴鋼絲的剪剛性模數G為79.3×10^3MPa，彈簧的平均圈徑為30mm，鋼絲的直徑為3mm，有效圈數為7圈，剪力修正因數$K_s=\dfrac{2C+1}{C}$，綜合剪應力集中校正因數

$K_B = \dfrac{4C+2}{4C-3}$，$C = \dfrac{D}{d}$，負荷（Load）由0變化至60N，抗剪強度（Torsional strength）$S_{su} = 1160MPa$，剪持久限（Endurance limit）$S_e = 320MPa$，試以修正Goodman破壞理論計算該螺旋彈簧之安全係數。（102年地特三等）

解：$C = \dfrac{D_m}{d} = \dfrac{30}{3} = 10$

剪力修正因數$K_S = \dfrac{2C+1}{C} = \dfrac{2 \times 10 + 1}{10} = 2.1$

應力集中因數$K_B = \dfrac{4C+2}{4C-3} = \dfrac{4 \times 10 + 2}{4*10-3} = 1.14$

∴平均剪應力$\tau_{av} = K_S \dfrac{4D_m}{\pi d^3}(F_{max}+F_{min}) = 2.1 \times \dfrac{4 \times 30}{\pi \times 3^3} \times (60+0) = 178.25MPa$

交變剪應力$\tau_r = K_S \dfrac{4D_m}{\pi d^3}(F_{max}-F_{min}) = 2.1 \times \dfrac{4 \times 30}{\pi \times 3^3} \times (60-0) = 178.25MPa$

修正古德曼理論

$\dfrac{\sigma_{av}}{S_u} + K\dfrac{\sigma_r}{S_e} = \dfrac{1}{n} \rightarrow \dfrac{178.25}{1160} + 1.14 \times \dfrac{178.25}{320} = \dfrac{1}{n}$，得安全係數n = 1.27

---

2 有一螺旋彈簧由琴鋼絲所製成，彈簧的平均圈徑為50mm，有效圈數為10圈，鋼絲的直徑為5mm，琴鋼絲的剛性模數G為80GPa，若彈簧受6kg的靜壓負荷時，試求彈簧的撓度及所承受的剪應力。（102年地特四等）

解：(一) 撓度$\delta = \dfrac{8FD_m^3 N_{eff}}{Gd^4} = \dfrac{8 \times 6 \times 9.81 \times 50^3 \times 10}{80 \times 10^3 \times 5^4} = 11.77mm$

(二) $C = \dfrac{D_m}{d} = \dfrac{50}{5} = 10$

$K_S = 1 + \dfrac{0.615}{C} = 1 + \dfrac{0.615}{10} = 1.0615$

剪應力$\tau = K_S \dfrac{8FD_m}{\pi d^3} = 1.0615 \times \dfrac{8 \times 6 \times 9.81 \times 50}{\pi \times 5^3} = 63.64MPa$

3 兩同心壓縮彈簧組合，較大者由直徑38mm的圓桿製成，彈簧線圈的外徑為225mm，有效圈數為6。內圈彈簧由直徑25mm的圓桿製成，彈簧線圈的外徑為140mm，有效圈數為9。外圈彈簧的自由長度較內圈彈簧長19mm。試求彈簧上端承受90000N的負荷時，各彈簧的撓度及外圈與內圈彈簧的負荷。（已知G=79310psi）（103年地特四等）

解： 外圈彈簧

$D_i = D_o - 2d = 225 - 2 \times 38 = 149 mm$

$D_m = \dfrac{1}{2}(D_i + D_o) = \dfrac{1}{2}(149 + 225) = 187 mm$

$k_{外} = \dfrac{Gd^4}{8D_m{}^3 N_{eff}} = \dfrac{77000 \times 38^4}{8 \times 187^3 \times 6} = 511.52 N/mm$

內圈彈簧

$D_i = D_o - 2d = 140 - 2 \times 25 = 90 mm$

$D_m = \dfrac{1}{2}(D_i + D_o) = \dfrac{1}{2}(90 + 140) = 115 mm$

$k_{內} = \dfrac{Gd^4}{8D_m{}^3 N_{eff}} = \dfrac{77000 \times 25^4}{8 \times 115^3 \times 9} = 274.68 N/mm$

外圈彈簧多出的19mm先抵消後，還剩下$90000 - 511.52 \times 19 = 80281.12N$由內外圈彈簧共同負擔。

$(511.52 + 274.68)\delta = 80281.12 \rightarrow$ 變形量$\delta = 102.11 mm$

因此外圈彈簧之變形量$\delta_{外} = 19 + 102.11 = 121.11 mm$

外圈彈簧之負荷$F_{外} = k_{外}\delta_{外} = 511.52 \times 121.11 = 61950.19 N$

內圈彈簧之變形量$\delta_{內} = 121.11 mm$

外圈彈簧之負荷$F_{內} = k_{內}\delta_{內} = 274.68 \times 102.11 = 28047.57 N$

4 一彈簧的彈性常數會受到材料剪力彈性模數、彈簧鋼絲線徑、彈簧外徑以及有效圈數等四個參數影響。如果想要得到彈性常數較高的彈簧,應如何改變這四個參數(如增大那些參數、減小那些參數)?其中又以那些參數影響較大?(103年原民四等)

解:(一) 彈簧常數$k = \dfrac{F}{\delta} = \dfrac{Gd^4}{8D_m^3 N_{eff}}$

因此要使k上升的方式為:

1. 材料剪力彈性模數G↑
2. 彈簧鋼絲線徑d↑
3. 彈簧外徑(即平均外徑D_m)↓
4. 有效圈數N_{eff}↓

(二) 彈簧鋼絲線徑d及彈簧外徑(即平均外徑D_m)影響較大

5 兩同心螺旋壓縮彈簧,外部的彈簧常數為428.5kg/cm,內部彈簧常數為312.5kg/cm。外部彈簧較內部彈簧之自由長度長1.27cm。設總負荷為3628kg。
(一) 試求每一彈簧所支持的負荷?
(二) 試說明一般彈簧材料主要有那些?(103年普考)

解:(一) 外圈彈簧多出的1.27cm先抵消後,還剩下

$3628 - 428.5 \times 1.27 = 3083.81$kg由內外圈彈簧共同負擔。

並聯之彈簧常數$k = k_外 + k_內 = 428.5 + 312.5 = 741$kg/cm

$741\delta = 3083.81 \rightarrow$ 撓度$\delta = 4.16$cm

因此外圈彈簧之負荷$F_外 = k_外(\delta + 1.27) = 428.5 \times (4.16 + 1.27) = 2326.76$kg

內圈彈簧之負荷$F_內 = k_內\delta = 312.5 \times 4.16 = 1300$kg

(二) 一般彈簧材料有:硬拉線、琴鋼線、油回火線、302不鏽鋼、鉻釩與鉻矽合金鋼線。

6 有一根承受20N壓縮力的琴鋼絲所捲成之螺旋壓縮彈簧，線徑為3mm，剛性模數為79×10^3MPa，彈簧的外徑為28mm，總圈數為11圈，有效圈數為10圈，自由長度為40mm，試求彈簧的彈性係數、壓縮後的彈簧長度及壓縮至實長所需的壓縮力。（104年鐵路員級）

解：(一) $D_m = D_o - d = 28 - 3 = 25$mm

彈性係數$k = \dfrac{Gd^4}{8D_m{}^3N_{eff}} = \dfrac{79000\times3^4}{8\times25^3\times10} = 5.12$N/mm

(二) 變形量$\delta = \dfrac{F}{k} = \dfrac{20}{5.12} = 3.91$mm

壓縮後的彈簧長度為$40 - 3.91 = 36.09$

(三) 壓實長度＝總圈數×線徑＝$11\times3 = 33$mm

因此壓至實長所需壓縮力為$5.12\times(40-33) = 35.84$N

7 如圖所示之螺旋彈簧由琴鋼絲所製成，琴鋼絲的剛性模數G為79.3×10^3MPa，其兩端整平但未研磨。試求：

(一) 螺旋彈簧的節距（Pitch）。

(二) 實長（Solid Length）。

(三) 彈簧常數。

(四) 彈簧壓縮至實長所需之力。（104年鐵路高員三級）

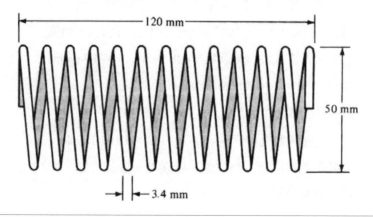

解：(一) 普通端未經研麼彈簧

自由長度$L_0 = NP + d \rightarrow 120 = 12.5 \times P + 3.4$

$P = 9.328mm$

(二) 普通端未經研磨彈簧

壓實長度$L_s = (N+1)d = (12.5+1) \times 3.4 = 45.9mm$

(三) $k = \dfrac{Gd^4}{8D_m^3 N_{eff}} = \dfrac{79.3 \times 1000 \times 3^4}{8 \times (50-3.4)^3 \times 12.5} = 1.05N/mm$

(四) $F = k\delta = 1.05 \times (120-45.9) = 77.8N$

---

8 **請回答下列問題：**

(一) 彈簧有哪四種主要的功用？

(二) 何謂彈簧常數（spring constant）？

(三) 何謂彈簧指數（spring index）？

(四) 有兩個拉伸彈簧，彈簧常數分別為$k_1 = 80N/cm$與$k_2 = 40N/cm$，承受負載的作用力為$F = 180N$，若此二拉伸彈簧以並聯方式組合，則此二拉伸彈簧之總伸長量為若干cm？

(五) 承第(四)小題，若此二拉伸彈簧以串聯方式組合，則此二拉伸彈簧之總伸長量為若干cm？（102年台灣菸酒）

解：(一) 1. 緩和並吸收振動能量

2. 限制機構運動

3. 重量與力之量測

4. 儲存彈力能

(二) 為施加負荷與變形量之比值

(三) 為螺旋彈簧線圈之平均直徑與彈簧線徑之比值

(四) $k = 80 + 40 = 120N/cm$

$\delta = \dfrac{F}{k} = \dfrac{180}{120} = 1.5mm$

(五) $\dfrac{1}{k}=\dfrac{1}{80}+\dfrac{1}{40} \to k=\dfrac{80}{3}$N/cm

$\delta=\dfrac{F}{k}=\dfrac{180}{\dfrac{80}{3}}=6.75$cm

9 某一彈簧常數為10N/mm之螺旋彈簧與另一彈簧常數為15N/mm之螺旋彈簧做串聯組合。今此串聯組合承受一拉力導致產生42mm的變形量，試問此拉力值為若干N？

解：$\dfrac{1}{k}=\dfrac{1}{10}+\dfrac{1}{15} \to k=6$N/cm

$F=k\delta=6\times42=252$N

10 某一螺旋彈簧之線徑為4mm，其彈簧指數為6，彈簧常數為7N/mm，試求其有效圈數為若干。（剛性模數G=80Gpa）

解：有效圈數$N_{eff}=\dfrac{Gd}{8C^3k}=\dfrac{80\times10^3\times4}{8\times6^3\times7}=26.5$圈

第五章 螺旋設計

課前導讀
1. 螺旋之各部位名稱
2. 螺旋之軸向靜態負載
3. 螺旋之軸向動態負載
4. 機械效率與動力傳動

本章出題比率最高之部分為「螺旋之軸向靜態負載」和「機械效率與動力傳動」，「螺旋之軸向動態負載」出題比率極低但仍需會應用動態破壞理論。至於螺旋之各部位名稱雖然不會直接考出，但由於是最基礎的部分，請讀者務必熟讀。

⭐ 重要公式整理

導程角	$\alpha = \tan^{-1}\dfrac{L}{\pi D_m}$
螺栓靜態負載： 無預負荷	機件所受負荷：$F_m = P \times \dfrac{k_m}{k_m + k_b}$ 螺栓所受負荷：$F_b = P \times \dfrac{k_b}{k_m + k_b}$
螺栓靜態負載： 有預負荷	情況一： 若 $P \times \dfrac{k_m}{k_m + k_b} < F_i$ 機件所受負荷 $F_m = P \times \dfrac{k_m}{k_m + k_b} - F_i$ 螺栓所受負荷 $F_b = P \times \dfrac{k_b}{k_m + k_b} + F_i$

螺栓靜態負載： 有預負荷	情況二： 若 $P \times \dfrac{k_m}{k_m + k_b} > F_i$ 機件所受負荷 $F_m = 0$ 螺栓所受負荷 $F_b = P$
螺栓動態負載： 波動負荷	機件所受平均負荷： $(F_b)_{av} = F_{av} \times \dfrac{k_b}{k_m + k_b} + F_i \rightarrow \dfrac{(F_b)_{av}}{A_{應力}} = (\sigma_b)_{av}$ 螺栓所受平均負荷： $(F_b)_r = F_r \times \dfrac{k_b}{k_m + k_b} + F_i \rightarrow \dfrac{(F_b)_r}{A_{應力}} = (\sigma_b)_r$ 索德柏破壞理論：$\dfrac{(\sigma_b)_{av}}{S_y} + K\dfrac{(\sigma_b)_r}{S_e} = \dfrac{1}{n}$ 修正古德曼破壞理論：$\dfrac{(\sigma_b)_{av}}{S_u} + K\dfrac{(\sigma_b)_r}{S_e} = \dfrac{1}{n}$
螺旋機械效率	$\eta = \dfrac{W \times L}{F \times \pi D_m}$
方形螺紋之傳動 （忽略軸環摩擦）	切線力 $F = W\tan(\alpha + \beta)$ 扭矩 $T = Fr = Wr\tan(\alpha + \beta) = Wr\dfrac{f + \tan\alpha}{1 - f\tan\alpha}$ 機械效率 $\eta = \dfrac{\tan\alpha}{\tan(\alpha + \beta)} = \dfrac{\tan\alpha}{\dfrac{\tan\alpha + \tan\beta}{1 - \tan\alpha\tan\beta}}$ 欲使螺紋具備自鎖的能力之條件為：$f > \tan\alpha$

焦點統整

5-1 螺紋各部位名稱

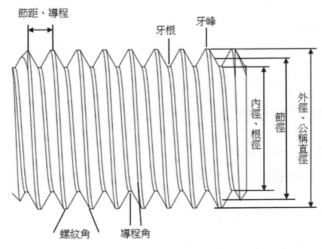

1. **外螺紋**：位於圓錐或圓柱機件外表面的螺紋

2. **內螺紋**：位於機件孔內的螺紋

3. **外徑**：為螺紋最大直徑，又稱「公稱直徑」，D_o。

4. **內徑**：為螺紋最小直徑，又稱「根徑」，D_i

5. **節徑**：為大徑與小徑之間的假想直徑，也是螺紋的平均直徑，D_m

6. **牙峰**：螺紋之頂部

7. **牙根**：螺紋之底部

8. **節距**：位於相鄰兩螺牙之相同對應點之軸向間距，P

9. **導程**：螺旋旋轉一圈，沿軸向移動行程，L。亦等於「螺紋線數N×節距p」

10. **螺紋角**：螺紋兩斜面之間的夾角

11. **導程角**：螺旋切線與徑向之夾角，α。$\alpha = \tan^{-1}\dfrac{L}{\pi D_m}$

牛刀小試

某一雙線之螺旋其節徑為14.7mm，節距為2mm，試問其導程角為若干？

解：$\tan\alpha=\dfrac{L}{\pi D_m}=\dfrac{Np}{\pi D_m}=\dfrac{2\times2}{\pi\times14.7}$

得導程角$\alpha=5.5°$

5-2　軸向靜態負載設計

1. **螺栓靜態負載**：無預負荷

   無預負荷之機件與螺栓組合件受到一拉力負載P作用時，

   機件所受負荷：$F_m=P\times\dfrac{k_m}{k_m+k_b}$

   螺栓所受負荷：$F_b=P\times\dfrac{k_b}{k_m+k_b}$

   k_m：機件之剛性勁度，$k_m=A_mE_m/L$

   k_b：螺栓之剛性勁度，$k_b=A_bE_b/L$

2. **螺栓靜態負載**：有預負荷

   有預負荷F_i之機件與螺栓組合件受到一拉力負載P作用時，必須先判斷會造成機件是受壓狀態或是分離狀態。

   情況一：

   若$P\times\dfrac{k_m}{k_m+k_b}<F_i$，則此組合未分離，機件為受壓狀態，

   機件所受負荷$F_m=P\times\dfrac{k_m}{k_m+k_b}-F_i$

   螺栓所受負荷$F_b=P\times\dfrac{k_b}{k_m+k_b}+F_i$

情況二：

若 $P \times \dfrac{k_m}{k_m + k_b} > F_i$，則此組合為分離狀態，機件為未受力狀態，

機件所受負荷 $F_m = 0$

螺栓所受負荷 $F_b = P$

牛刀小試

某一機件與螺栓之鎖緊組合件其預拉力為5kN。若機件與螺栓之剛性比為3：1，今受到一12kN之拉力負荷，試問此時螺栓與機件之負載各為若干？

解：$P \times \dfrac{k_m}{k_m + k_b} = 12 \times \dfrac{3}{3+1} = 9 \text{kN}$

　　　$F_i = 5 \text{kN}$

　　　由於 $P \times \dfrac{k_m}{k_m + k_b} > F_i \rightarrow$ 組合件為分離狀態，機件為未受力狀態，因此，

　　　機件所受負荷 $F_m = 0$

　　　螺栓所受負荷 $F_b = 12 \text{kN}$

5-3　軸向動態負載設計

有預負荷Fi之機件與螺栓組合件受到一波動拉力負載$F_{min} \sim F_{max}$作用時，

機件所受平均負荷：$(F_b)_{av} = F_{av} \times \dfrac{k_b}{k_m + k_b} + F_i$

螺栓所受平均負荷：$(F_b)_r = F_r \times \dfrac{k_b}{k_m + k_b}$

將$(F_b)_{av}$與$(F_b)_r$除以應力面積得到與，再將$(\sigma_b)_{av}$與$(\sigma_b)_r$導入索德柏或修正古德曼破壞理論進行分析。

牛刀小試

某一機件與螺栓之鎖緊組合件其預拉力為20kN。若機件與螺栓之剛性比為4：1，螺栓材質之極限強度為760MPa，疲勞強度為350MPa，應力集中因數為3.2，應力面積為80mm^2。今受到一0~18kN之波動拉力負荷，試問此螺栓之安全因數為多少？

解：$F_{av} = \dfrac{18000+0}{2} = 9000N$

$\quad\quad F_r = \dfrac{18000-0}{2} = 9000N$

$\quad\quad (F_b)_{av} = F_{av} \times \dfrac{k_b}{k_m+k_b} + F_i = 9000 \times \dfrac{1}{4+1} + 20000 = 21800N$

$\quad\quad (F_b)_r = F_r \times \dfrac{k_b}{k_m+k_{bi}} = 9000 \times \dfrac{1}{4+1} = 1800N$

$\quad\quad (\sigma_b)_{av} = \dfrac{21800}{80} = 272.5MPa$

$\quad\quad (\sigma_b)_r = F_r \times \dfrac{1800}{80} = 22.5MPa$

應用修正古德曼理論

$\quad\quad \dfrac{(\sigma_b)_{av}}{S_u} + K\dfrac{(\sigma_b)_r}{S_e} = \dfrac{1}{n} \rightarrow \dfrac{272.5}{760} + 3.2 \times \dfrac{22.5}{350} = \dfrac{1}{n}$

安全因數n＝1.77

5-4　螺旋機械效率與動力傳動原理

1.螺旋機械效率

螺旋機械效率：$\eta = \dfrac{W \times L}{F \times \pi D_m}$

W：推動或舉起之物體重量

　　L：導程

　　F：螺旋之切線力

　　D_m：節圓直徑

2. **動力傳動原理**：方形螺紋之傳動（忽略軸環摩擦）

　　切線力$F = W \tan(\alpha + \beta)$

　　扭矩$T = Fr = Wr \tan(\alpha + \beta) = Wr \dfrac{f + \tan\alpha}{1 - f\tan\alpha}$

　　機械效率$\eta = \dfrac{\tan\alpha}{\tan(\alpha+\beta)} = \dfrac{\tan\alpha}{\dfrac{\tan\alpha + \tan\beta}{1 - \tan\alpha\tan\beta}}$

　　α：導程角

　　β：摩擦角

　　f：摩擦係數，為$\tan\beta$

　　r：切線力之扭轉半徑

欲使螺紋具備自鎖的能力而防止螺紋自動下滑的條件為：$f > \tan\alpha$

牛刀小試

某一3螺紋之方形螺紋螺桿的主直徑為30mm，節距為5mm，摩擦係數為 0.05，今承載一10kN之重物。試求將此重物舉起之扭矩需求為若干？

解：$\tan\alpha = \dfrac{L}{\pi D} = \dfrac{3 \times 5}{\pi \times 30} \rightarrow \alpha = 9.04°$

$\tan\beta = f = 0.05 \rightarrow \beta = 3.18°$

將承載升起之力$F = W \tan(\alpha + \beta) = 10 \times \tan(9.04° + 3.18°) = 2.17N$

扭矩$T = Fr = 2.17 \times \dfrac{30}{2} = 32.55$N-mm

精選試題演練

1 下圖所示，有一螺栓接頭，某操作員於鎖緊該接頭時，使螺桿（鋼製，M10×1.5）承受一預張力F_i＝4500N。該螺栓接頭之被鎖件的長度L_{m1}＝L_{m2}＝20mm，被鎖件之軸向（延受力方向）剛性為螺桿的3倍，請問該螺栓接頭受一分離力（Separating force）P＝5400N時，該接頭是否會被分開？請詳列計算過程。（103年鐵路高員三級）

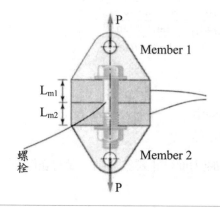

解：預拉力F_i＝4500N

$$P \times \frac{K_m}{K_m + K_p} = 5400 \times \frac{3}{3+1} = 4050N$$

$$\therefore F_i > P \times \frac{K_m}{K_m + K_p} \quad \therefore 被鎖件為受壓狀態，不會分開$$

2 如下圖所示為承受拉力負載之螺栓接頭的剖面圖，螺栓規格為M14×2，ISO粗螺紋，螺栓的預負荷為F_i＝33 kN，拉力負載P＝18kN。已知該螺栓及接頭（或組件）的勁度（stiffness）分別為k_b＝0.79MN/mm及k_j＝3.40MN/mm；螺栓拉應力面積（tensile stress area）A_t＝115 mm^2。

(一) 求接頭勁度常數（stiffness constant）C。

(二) 求作用於螺栓的總負荷Fb及拉應力大小σ_b。

(三) 求螺栓達到指定預負荷下所需的扭矩T（假設扭矩係數K＝0.2）

（104年地特四等）

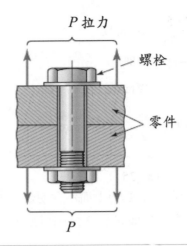

解：(一) 接頭勁度常數$C = k_b + k_j = 0.79 + 3.40 = 4.19 \text{MN/mm}$

(二) 預拉力$F_i = 33\text{kN}$

$$P \times \frac{K_m}{K_m + K_p} = 18 \times \frac{3.40}{3.40 + 0.79} = 14.61\text{kN}$$

$\because F_i > P \times \dfrac{K_m}{K_m + K_p}$　$\therefore$ 被鎖件為受壓狀態，不會分開

因此螺栓之總負荷$F_b = 33 + 18 \times \dfrac{0.79}{3.40 + 0.79} = 36.39\text{kN}$

拉應力$\sigma_b = \dfrac{F_b}{A} = \dfrac{36.39 \times 10^3}{115} = 316.47\text{MPa}$

(三) 達到指定欲負荷所需扭矩$T = kFd = 0.2 \times 36.39 \times 14 = 101.89\text{N-mm}$

---

3 方形螺紋之雙螺紋（double thread）螺桿的主直徑為35mm，其節矩為5mm；摩擦係數為0.05，承載7kN。

(一) 將承載升起需要扭矩為多少？

(二) 當升起負載時螺桿效率是多少？

(三) 何謂自鎖現象？（104年高考三級）

解：(一) $\tan\alpha = \dfrac{L}{\pi D} = \dfrac{2\times 5}{\pi\times 35} \to \alpha = 5.77°$

$\tan\beta = f = 0.05 \to \beta = 3.18°$

將承載升起之力$F = W\tan(\alpha+\beta) = 7\times\tan(5.77°+3.18°) = 0.991N$

扭矩$T = Fr = 0.991\times\dfrac{35}{2} = 17.34$N-mm

(二) $\eta = \dfrac{W\times L}{F\times\pi D} = \dfrac{7\times 2\times 5}{0.991\times\pi\times 35} = 0.6424$

(三) 桿施加軸向負載力於螺桿上而不會使螺桿逆向旋轉現象稱為自鎖現象。當摩擦係數大於$\tan\alpha$時，就會產生自鎖。（α為導程角）

---

4 **(一) 請說明M12×1.75之意義。**

(二) 若安全係數為1.5，螺栓之張應力面積為84.3mm^2，螺栓之最小安全強度為225MPa，當螺栓受到一張力作用，請問最大負載為何？

（104年高考三級）

解：(一) M12：螺栓外徑（公稱直徑）12mm，1.75：螺栓節距1.75mm

(二) $\sigma_{allow} = \dfrac{F}{A} = \dfrac{F}{84.3}$

又 $\dfrac{225}{\sigma_{allow}} = \dfrac{225}{\dfrac{F}{84.3}} = 1.5 \to F = 12645N$

---

5 **某一螺旋千斤頂，其手拉桿半徑為250mm，而螺桿之導程為12mm，若其機械效率損失為20%，當施力為100N時，可升起質量為多少公斤的物體？**

解：$\eta = \dfrac{W\times L}{F\times\pi D} \to (1-0.2) = \dfrac{W\times 12}{100\times\pi\times 500}$

$W = 10471.98N$

$m = \dfrac{10471.98}{9.8} = 1068.56kg$

6 某一方牙動力螺旋，節徑為70mm，導程為8mm，螺紋的磨擦係數 μ=0.15。假設重物為9000kg，試求欲使重物維持等速下降時，所需施加 之扭矩為若干？軸環摩擦可忽略不計。

解：$\tan\alpha=\dfrac{L}{\pi d}=\dfrac{8}{\pi\times70}\rightarrow\alpha=2.08°$

$\tan\beta=\mu=0.15\rightarrow\beta=3.53°$，欲使重物維持等速下降時，所需施加之扭矩

$T=Wr\tan(\beta-\alpha)=9000\times9.81\times35\times\tan(8.53°-2.08°)=349346.72\text{N-mm}$

7 一根雙線螺紋之螺桿每分鐘迴轉40次，而螺桿於30秒內移動了12cm，則 此螺桿之節距為若干？

解：螺桿之切線速度$V=\dfrac{40\times2P}{60}=\dfrac{12}{30}$

可得節距P=0.3cm

8 今用一台雙線螺紋之螺旋起重機舉重，若以15N之力施加於半徑為45cm 之手拉桿可舉重3000N，今若欲舉升1500之負荷時，需施力多少N？

解：機械效率$\eta=\dfrac{3000\times L}{15\times\pi D}=\dfrac{1500\times L}{F\times\pi D}$

可得F=7.5N

9 某一六角螺栓之規格為：3NM18×2.5×20-2，請逐項解釋其意義為何？

解：3N：3線螺紋

M18：螺栓外徑（公稱直徑）18mm

2.5：螺栓節距2.5mm

20：螺栓長度20mm

2：2級配合

10 某一機件與螺栓之鎖緊組合件其預拉力為16kN。若機件與螺栓之剛性比為4：1，螺栓材質之極限強度為760MPa，疲勞強度為350MPa，應力集中因數為4，應力面積為80mm²。今受到一0~11kN之波動拉力負荷，試問此螺栓之安全因數為多少？

解：$F_{av} = \dfrac{11000+0}{2} = 5500N$

$F_r = \dfrac{11000-0}{2} = 5500N$

$(F_b)_{av} = F_{av} \times \dfrac{k_b}{k_m+k_b} + F_i = 5500 \times \dfrac{1}{4+1} + 16000 = 17100N$

$(F_b)_r = F_r \times \dfrac{k_b}{k_m+k_{bi}} = 5500 \times \dfrac{1}{4+1} = 1100N$

$(\sigma_b)_{av} = \dfrac{17100}{80} = 213.75MPa$

$(\sigma_b)_r = \dfrac{1100}{80} = 13.75MPa$

應用修正古德曼理論

$\dfrac{\sigma_{av}}{S_u} + K\dfrac{\sigma_r}{S_e} = \dfrac{1}{n} \rightarrow \dfrac{213.75}{760} + 4 \times \dfrac{13.75}{350} = \dfrac{1}{n}$

安全因數n＝2.28

本章依據出題頻率區分，屬：**C** 頻率低

第六章　鉚接與熔接

課前導讀
1.鉚接之應力分析
2.熔接之應力分析
本章鉚接與熔接的應力分析題型皆會考出，考出之比例為七比三。
由於熔接的類型較多種，題型變化也較大。因此請務必熟悉在不同
負載時之熔接應力求解方式。

⭐ **重要公式整理**

鉚接	
單一剪應力	$\tau = \dfrac{P}{\dfrac{\pi d^2}{4} \times n}$
雙剪應力	$\tau = \dfrac{P}{2 \times \dfrac{\pi d^2}{4} \times n}$
承壓應力	$\sigma_b = \dfrac{P}{d \times t \times n}$
張拉應力	$\sigma_t = \dfrac{P}{(w-nd) \times t}$
對頭式熔接	
正向負荷：拉應力	$\sigma_t = \dfrac{P}{h \times L}$
剪力負荷：剪應力	$\tau = \dfrac{P}{h \times L}$

平板之等腳填角式熔接	
正向負荷：剪應力	$\tau = \dfrac{P}{0.707 \times h \times L}$
剪力方向負荷：剪應力	$\tau = \dfrac{P}{0.707 \times h \times L}$
圓環之填角式熔接	
軸向負荷：正向拉應力	$\sigma_t = \dfrac{P}{0.707 \times h \times \pi \times d}$
彎矩負荷：彎曲應力	$\sigma_M = \dfrac{4M}{0.707 \times h \times \pi \times d^2}$
橫向負荷： 橫向剪應力與彎曲應力	彎曲應力 $\sigma_M = \dfrac{4PL}{0.707 \times h \times \pi \times d^2}$ 橫向剪應力 $\tau_P = \dfrac{P}{0.707 \times h \times \pi \times d}$ 最大剪應力 $\tau_{max} = \sqrt{\left(\dfrac{\sigma_M}{2}\right)^2 + \tau_P{}^2}$
扭矩：扭轉剪應力	$\tau_T = \dfrac{2T}{0.707 \times h \times \pi \times d^2}$

焦點統整

6-1 鉚接之應力分析

1.單一剪應力

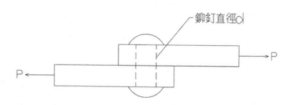

若鉚釘數目為n，則剪應力$\tau = \dfrac{P}{\dfrac{\pi d^2}{4} \times n}$

2. 雙剪應力

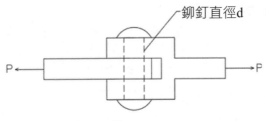

鉚釘直徑d

若鉚釘數目為n，則剪應力$\tau = \dfrac{P}{2 \times \dfrac{\pi d^2}{4} \times n}$

3. 承壓應力

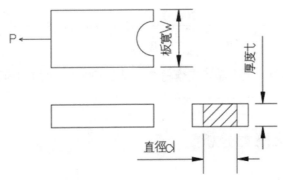

板寬W

厚度t

直徑d

若鉚釘數目為n，則承壓應力$\sigma_b = \dfrac{P}{d \times t \times n}$

4. 鋼板之張拉應力

若鉚釘數目為n，則鋼板之張拉應力$\sigma_t = \dfrac{P}{(w-nd) \times t}$

牛刀小試

某兩塊厚度皆為5cm之鋼材，使用直徑2.5cm的鉚釘做鉚接接合如下圖。則需要幾支鉚釘才能承受70000kg之拉力負載？（鉚釘之容許壓應力為2500kg/cm^2，而容許剪應力為1200kg/cm^2）

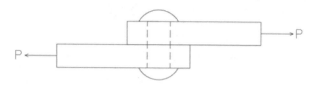

解：(1) 分析鉚釘之承壓應力：

$$承壓應力\sigma_b=\frac{70000}{5\times2.5\times n}\leq2500\rightarrow n\geq2.24$$

(2) 分析鉚釘之剪應力：

$$剪應力\tau=\frac{P}{\frac{\pi d^2}{4}\times n}=\frac{70000}{\frac{\pi\times2.5^2}{4}\times n}\leq1200\rightarrow n\geq11.88$$

比較(1)、(2)，至少需12支鉚釘才能承受70000kg之拉力負載

6-2 熔接之應力分析

1.對頭式熔接

(1) 正向拉力：拉應力$\sigma_t=\dfrac{P}{h\times L}$

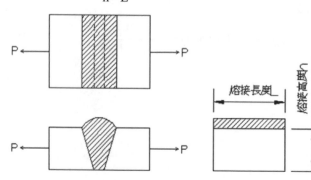

(2)剪力負荷：剪應力$\tau = \dfrac{P}{h \times L}$

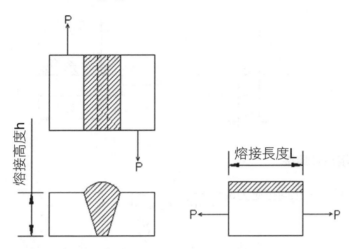

2. 平板之等腳填角式熔接

(1)正向或剪力方向負荷：皆為喉部面積剪應力

正向負荷：剪應力$\tau = \dfrac{P}{h \times \sin 45° \times L} = \dfrac{P}{0.707 \times h \times L}$

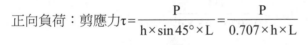

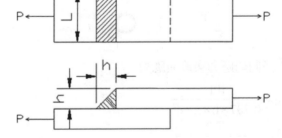

剪力方向負荷：剪應力$\tau = \dfrac{P}{h \times \sin 45^\circ \times L} = \dfrac{P}{0.707 \times h \times L}$

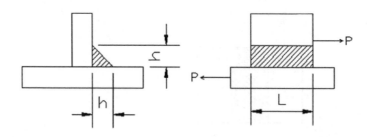

3.圓環之填角式熔接

(1) 軸向負荷：正向拉應力$\sigma_t = \dfrac{P}{0.707 \times h \times \pi \times d}$

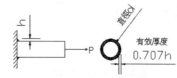

(2) 彎矩負荷：彎曲應力$\sigma_M = \dfrac{4M}{0.707 \times h \times \pi \times d^2}$

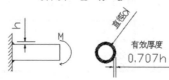

(3) 橫向負荷：橫向剪應力與彎曲應力

彎曲應力$\sigma_M = \dfrac{4PL}{0.707 \times h \times \pi \times d^2}$

橫向剪應力$\tau_P = \dfrac{P}{0.707 \times h \times \pi \times d}$

最大剪應力$\tau_{max} = \sqrt{\left(\dfrac{\sigma_M}{2}\right)^2 + \tau_P{}^2}$

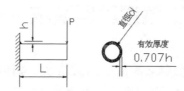

(4) 扭矩：扭轉剪應力$\tau_T = \dfrac{2T}{0.707 \times h \times \pi \times d^2}$

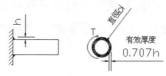

牛刀小試

某一圓桿以圓環填角式熔接於一鋼板上，桿端承受12KN之負荷，若原桿直徑為60mm，銲道上之容許剪應力為100MPa，試求出此填角式銲道高度為若干？

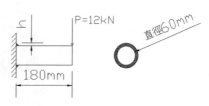

解：彎曲應力$\sigma_M = \dfrac{4PL}{0.707 \times h \times \pi \times d^2} = \dfrac{4 \times 12000 \times 180}{0.707 \times h \times \pi \times 60^2} = \dfrac{1080.54}{h}$

橫向剪應力$\tau_P = \dfrac{P}{0.707 \times h \times \pi \times d} = \dfrac{12000}{0.707h \times \pi \times 60} = \dfrac{90.05}{h}$

最大剪應力$\tau_{max} = \sqrt{\left(\dfrac{\sigma_M}{2}\right)^2 + \tau_P^2} = \sqrt{\left(\dfrac{1}{2} \times \dfrac{1080.54}{h}\right)^2 + \left(\dfrac{90.05}{h}\right)^2}$

$100 = \dfrac{547.7}{h} \rightarrow$ 銲道高度h為5.48mm

精選試題演練

1 一鋼板銲接於一空心軸之設計，如圖所示，鋼板前後有兩道銲腳尺寸 h=5mm之銲道。銲道填充材料之許可承剪強度（Allowable Shear Stress） 為τ_{allow}=140MPa，而查表得知每一條圓形銲道之單位極扭矩（Unit Polar Moment）為$J_u=2\pi r^3$，式中r為該空心軸之外圓半徑。試求其可承受的最大 負載F為若干kN？（提示：每一條圓形銲道之極慣性矩為$J=0.707hJ_u$） （103年身障三等）

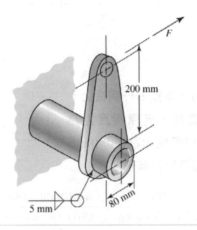

解： 每一條圓形銲道之極慣性矩$J=0.707hJ_u$

因為有上下各一條，故合計2條焊道

因此$J_0=2\times J=2\times 0.707hJ_u=2\times 0.707\times 5\times(2\times\pi\times 40^3)=2.84\times 10^6 mm^4$

$\tau_{max}=\dfrac{T\rho}{J_0}\rightarrow 140=\dfrac{(200F)\times 40}{2.84\times 10^6}$

得最大負載F=49700N=49.7kN

2 下圖所示，已知填角熔接（Fillet weld）的負荷P與喉部面積之平均剪應力τ關係為P＝0.707hLτ，所有熔接為6mm之填角熔接，其熔接金屬降伏強度σ_{yp}＝34.5MPa，其安全因數為3，試求負荷P之值為若干？

（103年鐵路員級）

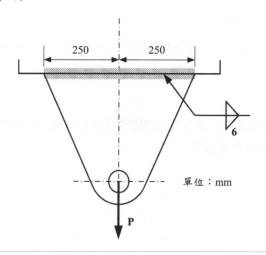

單位：mm

解： $n=\dfrac{\sigma_{yp}}{\sigma_t}\to 3=\dfrac{34.5}{\tau_{allow}}$

因此剪應力τ_{allow}＝11.5MPa

$\tau_{allow}=\dfrac{P}{0.707\times h\times L}\to 11.5=\dfrac{P}{0.707\times 6\times(2\times 250\times 2)}$

得P＝48.78kN

3 容許抗拉強度為80MPa，厚度為20mm之兩片鋼板，以對頭焊接，焊接長度為250mm，若熔接部之容許應力為60MPa，且設計此結構之接頭效率為80%，則焊道喉厚要多少？（104年普考）

解： 情況一、考慮鋼板本身抗拉強度

$\sigma=\dfrac{P}{A}\leq \sigma_{allow}\to \dfrac{P}{20\times 250}\leq 80 \quad \therefore P\leq 400000N$

情況二、考慮熔接部容許應力與接頭效率

$$\sigma_t = \frac{P}{h \times L} \rightarrow 60 \times 0.8 = \frac{400000}{h \times 250}$$

得喉厚為33.33mm>板厚20mm→不合理

因此喉厚為20mm

（驗證：$P = \sigma_t \times h \times L = 60 \times 0.8 \times 20 \times 250 = 240000N < 400000N$，亦符合情況一之條件）

---

4 一直徑50mm的實心軸焊接於鋼板並受到一扭矩負荷如下圖所示，試求銲道承受之剪應力為若干？

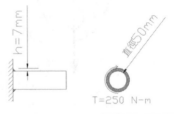

解：扭轉剪應力 $\tau_T = \frac{2T}{0.707 \times h \times \pi \times d^2} = \frac{2 \times 250 \times 1000}{0.707 \times 7 \times \pi \times 50^2} = 12.86\text{MPa}$

---

5 某一5mm之填角熔接，其銲道長度為60mm，若沿銲道方向承受一10000N之拉伸負載，熔接之降伏強度為300MPa，試以最大剪應力理論求出安全係數。

解：$\tau_{max} = \frac{P}{0.707 \times h \times L} = \frac{1000}{0.707 \times 5 \times 60} = 47.15\text{MPa}$

最大剪應力理論之安全係數 $n = \frac{S_{YT}}{2\tau_{max}} = \frac{300}{2 \times 47.15} = 3.18$

6 兩塊厚度相同之鋼板用鉚接方式結合在一起如下圖，鉚釘直徑為20mm，若鉚釘之容許壓應力為30MPa，而容許剪應力為15MPa，則此鉚釘所能承受最大負荷為多少N？

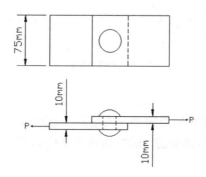

解：剪應力 $\tau = \dfrac{P}{\dfrac{\pi d^2}{4} \times n} = \dfrac{P}{\dfrac{\pi \times 20^2}{4} \times 1} \le 15 \to P \le 4712.39N \cdots (1)$

承壓應力 $\sigma_b = \dfrac{P}{d \times t \times n} = \dfrac{P}{20 \times 10 \times 1} \le 30 \to P \le 6000N \cdots (2)$

比較(1)、(2)，得鉚釘所能承受最大負荷P為4712.39N

7 兩塊厚度相同之鋼板用鉚接方式結合在一起如下圖，鉚釘直徑為20mm，若剪降伏強度為100MPa，安全因數為3，利用最大剪應力理論求出鉚釘所能承受最大負荷為多少N？

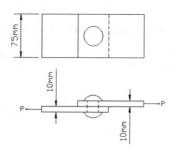

解：最大剪應力理論之安全係數$n = \dfrac{S_{YT}}{2\tau_{max}} \rightarrow 3 = \dfrac{100}{2\tau_{max}}$

$\tau_{max} = 1667MPa$

剪應力$\tau = \dfrac{P}{\dfrac{\pi d^2}{4} \times n} = \dfrac{P}{\dfrac{\pi \times 20^2}{4} \times 1} \leq 16.67 \rightarrow P \leq 5237.03N$

得鉚釘所能承受最大負荷P為5237.03N

---

8 兩塊厚度相同之鋼板用鉚接方式結合在一起如下圖，鉚釘直徑為20mm，且受到一90kN拉伸負載，若鋼板拉伸降伏強度為250MPa，試求出此設計之安全係數。

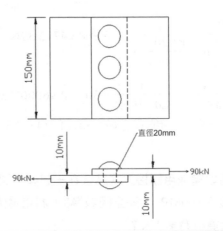

解：鋼板之張拉應力$\sigma_t = \dfrac{P}{(w - nd) \times t} = \dfrac{90000}{(150 - 3 \times 20) \times 10} = 100MPa$

安全係數$n = \dfrac{\sigma_{sy}}{\sigma_t} = \dfrac{250}{100} = 2.5$

9 一直徑50mm的脆性材質之實心軸焊接於鋼板並受到一彎矩負荷如下圖所示，若此銲道之極限強度為200MPa，試問此組合是否為安全設計？

解：彎曲應力$\sigma_M = \dfrac{4M}{0.707 \times h \times \pi \times d^2} = \dfrac{4 \times 2100 \times 10^3}{0.707 \times 5 \times \pi \times 50^2} = 302.55\text{MPa}$

安全因數$n = \dfrac{\sigma_u}{\sigma_M} = \dfrac{200}{302.55} = 0.66 < 1 \rightarrow$ 因此並非安全設計

10 某一對頭式熔接承受P＝80kN之剪力負荷如下圖所示，若此銲道之熔接長度為70mm，熔接高度為20mm，剪降伏強度為150MPa，請以最大剪應力破壞理論判斷銲接處是否有破壞之虞？

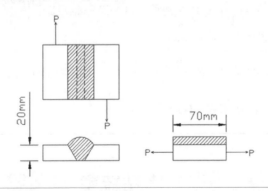

解：最大剪應力：$\tau_{max} = \dfrac{P}{h \times L} = \dfrac{80 \times 10^3}{20 \times 70} = 57.14\text{MPa}$

最大剪應力理論：$n = \dfrac{S_{YT}}{2\tau_{max}} = \dfrac{150}{2 \times 57.14} = 1.31$

由於安全因數大於1，因此無破壞之虞

本章依據出題頻率區分，屬：**C** 頻率低

第七章　軸承設計

課前導讀

1. 軸承之種類
2. 滾動軸承壽命計算
3. 滑動軸承之動力分析

在本章中，滾動軸承壽命計算與滑動軸承之貝楚夫軸承方程式應用為全部考點，這兩種題型支出題比例各占一半，而軸承之種類為本章之基礎，雖直接考出機率不高，但仍需了解軸承之分類，對於解題也有幫助。

⭐ 重要公式整理

滾動軸承壽命	$L_{10}=\dfrac{10^6}{60n}\times(\dfrac{C}{P})^k$，滾珠軸承k＝3、滾子軸承k＝$\dfrac{10}{3}$ L_{10}之單位為小時 $\dfrac{L}{L_{10}}=(\dfrac{C}{P})^k$，滾珠軸承k＝3、滾子軸承k＝$\dfrac{10}{3}$ L與L_{10}之單位為RPM	
貝楚夫軸承方程式	切線摩擦力$F=\dfrac{2\pi R^2 L\mu\omega}{C}$ 損耗功率$\dot{W}=T\omega=\dfrac{2\pi R^3 L\mu\omega^2}{C}$	摩擦扭矩$T=FR=\dfrac{2\pi R^3 L\mu\omega}{C}$

焦點統整

7-1　軸承之種類

軸承為機械設計中用以固定之機械元件。主要功用是用來支撐迴轉運動與往復運動之軸類，並承受作用於軸之負荷及保持軸的中心位置。另外，軸承亦尚有減少摩擦損失、增加傳動效率及延長機件壽命之功能。

軸承的種類，依軸承受力方向可分為徑向軸承與止推軸承（或稱軸向軸承），而依軸與軸承間之接觸方式可分為滑動軸承與滾動軸承。

軸承的種類：

1. 依軸承受力方向分類

(1) 徑向軸承

　　A. 承受之負荷方向與軸之中心線呈垂直。

　　B. 又名「軸頸軸承」。

(2) 軸向軸承

　　A. 承受之負荷方向與軸之中心線呈平行。

　　B. 又名「止推軸承」。

2. 依軸與軸承間之接觸方式分類

(1) 滑動軸承：軸與軸承之間的相對運動型態為滑動接觸運動。

(2) 滾動軸承：軸與軸承之間的相對運動型態為滾珠或滾子的滾動接觸運動。

3. 滑動軸承種類

(1) 徑向滑動軸承

　　A. 整體軸承

　　B. 對合軸承

　　C. 四部軸承（或稱四分套軸承）

(2) 軸向滑動軸承

　　A. 階級軸承

　　B. 套環止推軸承

　　C. 流體動力止推軸承

　　D. 流體靜壓軸承

(3) 特殊滑動軸承

　　A. 多孔軸承（或稱含油軸承）

　　B. 無油軸承

4. **滾動軸承種類**

(1) 滾珠軸承

　　A. 深槽滾珠軸承（單列式、雙列式）

　　B. 斜角滾珠軸承（單列式、雙列式）

　　C. 自動對位調心滾珠軸承

　　D. 止推滾珠軸承（單列式、雙列式）

　　E. 斜角止推滾珠軸承

(1) 滾子軸承

　　A. 圓筒滾子軸承

　　B. 錐形滾子軸承

　　C. 球面滾子軸承

　　D. 針形滾子軸承

　　E. 自動對位調心滾子軸承

　　F. 圓筒滾子止推軸承

　　G. 錐形滾子止推軸承

　　H. 球面滾子止推軸承

7-2　滾動軸承壽命計算

滾動軸承壽命計算公式

1. $L_{10} = \dfrac{10^6}{60n} \times (\dfrac{C}{P})^k$，滾珠軸承 k＝3、滾子軸承 k＝$\dfrac{10}{3}$

　其中：

　L_{10}：滾動軸承基本額定壽命（hrs）

　n：軸轉數（RPM）

　C：滾動軸承基本動額定負荷

　P：滾動軸承之等效徑向負荷

2. $\dfrac{L}{L_{10}}=(\dfrac{C}{P})^k$，滾珠軸承k＝3、滾子軸承k＝$\dfrac{10}{3}$

其中：

L：滾動軸承壽命（REV）

L_{10}：滾動軸承基本額定壽命（REV），為10^6

C：滾動軸承基本動額定負荷

P：滾動軸承之等效徑向負荷

牛刀小試

某一滾珠軸承，其基本動額定負荷為5000lb，若希望其使用壽命超過2×10^6轉，所受之實際負荷不得超過多少lb？

解：$\dfrac{L}{L_{10}}=(\dfrac{C}{P})^3 \rightarrow \dfrac{2\times10^6}{10^6}=(\dfrac{C}{P})^3$

得P＝3968.5lb

因此實際負荷不得超過3968.5lb

7-3 滑動軸承之動力分析

貝楚夫軸承方程式之推導：

軸承與機件因相對運動而產生的剪應力$\tau=\mu\dfrac{U}{C}$

切線摩擦力$F=\tau A=(\mu\dfrac{U}{C})(2R\pi L) \rightarrow \dfrac{F}{L\mu U}\times\dfrac{C}{R}=2\pi$

$\dfrac{F}{L\mu U}\times\dfrac{C}{R}=2\pi$即為貝楚夫軸承方程式

若將切線速度U用Rω取代，並以切線摩擦力F表示，則可寫成

$$F = \frac{2\pi R^2 L \mu \omega}{C}$$

而摩擦扭矩 $T = FR = \frac{2\pi R^3 L \mu \omega}{C}$

損耗功率 $\dot{W} = T\omega = \frac{2\pi R^3 L \mu \omega^2}{C}$

將上述結果整理,可得貝楚夫軸承方程式為

切線摩擦力 $F = \frac{2\pi R^2 L \mu \omega}{C}$

摩擦扭矩 $T = FR = \frac{2\pi R^3 L \mu \omega}{C}$

損耗功率 $\dot{W} = T\omega = \frac{2\pi R^3 L \mu \omega^2}{C}$

牛刀小試

某一軸頸軸承直徑為120mm,軸承長度200mm,軸與軸承之間隙為0.05mm,軸轉速為1000RPM,潤滑油年度為8×10^{-9}MPa-sec,試求出因黏滯力所導致的功率損耗為多少?

解:貝楚夫軸承方程式

損耗功率 $\dot{W} = T\omega = \frac{2\pi R^3 L \mu \omega^2}{C}$

$$= \frac{2\pi \times 0.06^3 \times 0.2 \times 8 \times 10^{-9} \times 10^6 \times (\frac{1000 \times 2\pi}{60})^2}{0.05 \times 10^{-3}} = 476.26W$$

精選試題演練

1 某個同時承受3000N軸向力（表示為P_a）及8200N徑向力（表示為P_r）的滾珠軸承（ball bearing），軸之運轉速度為1200rpm，設計壽命為20000小時。該軸承的等價徑向負荷（equivalent radial load）表示為$P=0.56P_r+1.5P_a$。

(一) 試求該種軸承的基本動額定負荷（basic dynamic load rating）。

(二) 依據前項結果，如何於軸承製造商的產品型錄（catalogue）中選擇適當的該軸承？（102年普考）

解：(一) 等價徑向負荷$P=0.56Pr+1.5Pa=0.56\times8200+1.5\times3000=9092N$

滾動軸承壽命公式$\dfrac{L}{L_{10}}=(\dfrac{C}{P})^k$，滾珠軸承k＝3

$\dfrac{L}{L_{10}}=(\dfrac{C}{P})^3 \rightarrow \dfrac{20000\times60\times1200}{10_{10}}=(\dfrac{C}{9092})^3$

可得基本動額定負荷C＝102670.79N

(二) 在型錄上挑選比102670.79N大一級之軸承即可

2 請推導貝楚夫軸承方程式（Petroff's equation），並說明該方程式在何種條件下才有效？（103年鐵路高員三級）

解：(一) 軸承與機件因相對運動而產生的剪應力$\tau=\mu\dfrac{U}{C}$

切線摩擦力$F=\tau A=(\mu\dfrac{U}{C})(2R\pi L) \rightarrow \dfrac{F}{L\mu U}\times\dfrac{C}{R}=2\pi$

$\dfrac{F}{L\mu U}\times\dfrac{C}{R}=2\pi$即為貝楚夫軸承方程式

(二) 有效使用貝楚夫軸承方程式的條件

　　1. 軸轉數高

　　2. 流體黏度高

　　3. 軸承總負荷趨近零

3 一個外環旋轉的02系列深槽滾珠軸承（deep-groove ball bearing）用於支撐操作轉速1800rpm的軸，在此轉速下該軸承受到一穩定的2kN徑向負載及3kN軸向（或推力）負載的作用。已知徑向負載係數X＝0.56及Y＝1.037，軸承的基本動額定負載C＝14 kN。

(一) 求該軸承的額定壽命L_{10}為多少小時？

(二) 若要使該軸承多增加200小時的額定壽命，此時該軸承可以承受的等效徑向負載（equivalent radial load）應為多少？（104年地特三等）

解：(一) 等價徑向負荷$P = XVP_r + YP_a$

由於是外環旋轉，因此V=1.2

$P = 0.56 \times 1.2 \times P_r + 1.5Pa = 0.56 \times 1.2 \times 2 + 1.5 \times 3 = 5.844kN$

$L_{10} = \dfrac{10^6}{60n} \times (\dfrac{C}{P})^k$，滾珠軸承k＝3

$L_{10} = \dfrac{10^6}{60 \times 1800} \times (\dfrac{14}{5.844})^3 = 127.3$小時

因此額定壽命L_{10}為127.3小時

(二) $L_{10} = \dfrac{10^6}{60n} \times (\dfrac{C}{P})^k$，滾珠軸承k＝3

$(127.3 + 200) = \dfrac{10^6}{60 \times 1800} \times (\dfrac{14}{P})^3 \rightarrow$ 等效徑向負載P＝4.27kN

4 (一) 一個長500mm之軸兩端各有一軸承，此軸在長度四分之一處垂直軸的方向受到一個20kN之外力，若兩個軸承均用相同額定負荷之滾珠軸承，則兩個軸承之壽命比為多少？

(二) 若受力最大軸承所選用的軸承之額定負荷為16.8kN，在0.9之可靠度下其壽命為何？

(三) 另一端的軸承如果要和此軸承相同壽命且相同可靠度，則其額定負荷最少要多少？（104年高考三級）

解：(一) 取軸與軸承受力自由體圖

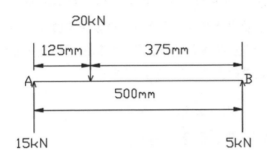

滾動軸承壽命公式 $\dfrac{L}{L_{10}}=(\dfrac{C}{P})^k$，滾珠軸承k=3

$\dfrac{L_A}{L_{10}}=(\dfrac{C_A}{15})^3$ ，$\dfrac{L_B}{L_{10}}=(\dfrac{C_B}{5})^3 \rightarrow L_A：L_B=1：27$

(二) $\dfrac{L_A}{L_{10}}=(\dfrac{C_A}{15})^3 \rightarrow \dfrac{L_A}{1\times 10^6}=(\dfrac{16.8}{15})^3$

$L_A=1.4\times 106$（次或轉）

(三) $\dfrac{L_B}{L_{10}}=(\dfrac{C_B}{P_B})^3 \rightarrow \dfrac{1.4\times 10^6}{1\times 10^6}=(\dfrac{C_B}{5})^3$

額定負荷$C_B=5.59$kN

---

5 軸承的主要基本功能為支撐機械軸之負荷，及確保軸及裝置其上的相關元件運轉順利，請回答下列問題：

(一) 下列圖(A)及圖(B)中的軸承符號，代表的軸承種類名稱及主要功用為何？

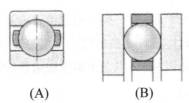

(A)　　　　　　　　(B)

(二) 某個軸承的稱呼號（designation）是6307，請問該軸承的軸孔（bore）徑為多少mm？

(三) $\tilde{L}=(\dfrac{C}{P})^m$ 為選用軸承之基本關係式,其中 $\tilde{L}$ 表示軸承壽命(單位:10^6轉),P為軸承承受之等價徑向負荷,C為動額定負荷,請問式中指數m的值為若干?若欲自軸承型錄上選擇適當的規格品,如何使用該式應用於規格品之選擇上?(102年台灣港務)

解: (一) 圖(A):徑向滾珠軸承,用以承受徑向負荷

圖(B):止推滾珠軸承,用以承受軸向負荷

(二) 軸承6307之軸孔徑為7×5=35mm

(三) 滾珠軸承m=3,滾子軸承m=10/3

將所需之動額定負荷值C求出後,在型錄上挑選比C大一級之軸承即可

---

6 如圖所示,有一頸軸承(hydrodynamic journal bearing),軸直徑D=2R,半徑間隙c,軸承長度L。若軸運轉時可保持與軸承同軸心,轉速為n(rps),潤滑油黏度(viscosity)為μ,其軸承摩擦損失力矩之貝楚夫方程式(Petroff's equation)

為 $T_f=\dfrac{4\pi^2\mu nLR^3}{c}$;請回答下列問題:

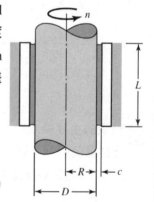

(一) 若D=100mm、c=0.05mm、L=80mm、n=600rpm、μ=50mPa·s,試求軸承之損耗力矩及功率。

(二) 請分別針對潤滑油黏度、黏度指數(Viscosity Index, VI)之高低對頸軸承性能(力矩損耗、負載能力、溫度敏感度)之影響作說明。需要高黏度之潤滑油時,是選用高號數還是低號數機油?

(104年中華郵政)

解：(一) 損耗力矩 $= \dfrac{4\pi^2 \mu n L R^3}{c} = \dfrac{4\pi^2 \times 50 \times 10^{-9} \times \dfrac{600}{60} \times 80 \times 50^3}{0.05} = 3947.84\text{N-m}$

　　　　功率 $= T\omega = \dfrac{3947.84}{1000} \times \dfrac{600}{60} \times 2\pi = 248.05\text{W}$

　　(二) 低VI潤滑油：溫度敏感度較大，負載能力較小，力矩損耗較大。

　　　　高VI潤滑油：溫度敏感度較小，負載能力較大，力矩損耗較小。

　　　　需要高黏度之潤滑油時，應選用高號數機油。

7 某一滾珠軸承之基本額定負荷為5000lb，若於2000rpm轉速下運轉能有500小時壽命，則允許之徑向負荷為若干lb？

解：滾動軸承壽命公式 $\dfrac{L}{L_{10}} = (\dfrac{C}{P})^k$，滾珠軸承k＝3

　　$\dfrac{L}{L_{10}} = (\dfrac{C}{P})^3 \rightarrow \dfrac{500 \times 60 \times 2000}{10^6} = (\dfrac{5000}{5})^3$

　　可得徑向負荷P＝1277.18lb

8 某一滾子軸承於33.3rpm與500小時壽命之額定負載量為20kN，若此軸承用以承受10kN之徑向負載，操作之轉速為400RPM，試求可靠度為90%之軸承壽命。

解：$\dfrac{L_1}{L_2} = (\dfrac{C}{P})^{\frac{10}{3}} \rightarrow \dfrac{L \times 60 \times 4000}{500 \times 60 \times 33.3} = (\dfrac{20}{10})^{\frac{10}{3}}$

　　可靠度為90%之軸承壽命L＝419.55hrs

9 某一徑向接觸滾珠軸承之額定轉速為500RPM，額定壽命為3000小時，基本額定負載為3kN，若用於支撐4000RPM之軸，軸承承受之徑向負載為1200N，試求其可靠度為90%之軸承壽命。

解：$\dfrac{L_1}{L_2} = (\dfrac{C}{P})^3 \rightarrow \dfrac{L \times 60 \times 4000}{3000 \times 60 \times 500} = (\dfrac{3}{1.2})^3$

可靠度為90%之軸承壽命L = 5859.38hrs

10 某一直徑250mm，長度250mm之軸承，應用於轉速1500RPM，負荷為108kN的軸上，c/r為0.0015。若潤滑油之黏度為3×10-8MPa•sec，則其摩擦損耗動力為多少？

解：貝楚夫軸承方程式

損耗功率 $\dot{W} = T\omega = \dfrac{2\pi R^3 L\mu\omega^2}{C}$

$= \dfrac{2\pi \times 0.125^3 \times 0.25 \times 3 \times 10^{-8} \times 106 \times (\dfrac{1500 \times 2\pi}{60})^2}{0.0015 \times 0.125}$

$= 12111.83W$

$= 12.11kW$

本章依據出題頻率區分，屬：**C** 頻率低

第八章　離合器與制動器設計

課前導讀
1. 盤式離合器
2. 錐式離合器
3. 帶式離合器
4. 盤式制動器
5. 帶式制動器
6. 塊式制動器

本章除錐式離合器之外，其餘各節皆為重點，考出比例相同，因此在公式的運用上，請讀者務必熟練。

⭐ 重要公式整理

盤式離合器	**均勻磨耗理論** 1. 正向力F_a或制動力F_n 　$F_a = F_n = 2\pi P_{max} R_i (R_o - R_i)$ 2. 傳動扭矩T 　$T = \mu F_n (\dfrac{R_i + R_o}{2}) = \mu F_n R_e$ 　$R_e = \dfrac{R_o + R_i}{2}$ **均勻壓力理論** 1. 正向力F_a或制動力F_n 　$F_a = F_n = P\pi(R_o{}^2 - R_i{}^2)$ 2. 傳動扭矩T 　$T = \mu F_n(\dfrac{2}{3} \times \dfrac{R_o{}^3 - R_i{}^3}{R_o{}^2 - R_i{}^2}) = \mu F_n R_e$ 　$R_e = \dfrac{2}{3} \times \dfrac{R_o{}^3 - R_i{}^3}{R_o{}^2 - R_i{}^2}$

錐式離合器	均勻磨耗理論 1. 正向力F_a 　$F_a = F_n = 2\pi P_{max} R_i (R_o - R_i)$ 2. 制動力F_n 　$F_n = \dfrac{2\pi P_{max} R_i (R_o - R_i)}{\sin\alpha}$ 3. 傳動扭矩T 　$T = \dfrac{\mu F_a \times \dfrac{R_i + R_o}{2}}{\sin\alpha} = \dfrac{\mu F_a R_e}{\sin\alpha}$ 　$R_e = \dfrac{R_o + R_i}{2}$ 均勻壓力理論 1. 正向力F_a 　$F_a = P\pi(R_o{}^2 - R_i{}^2)$ 2. 制動力F_n 　$F_n = \dfrac{P\pi(R_o{}^2 - R_i{}^2)}{\sin\alpha}$ 3. 傳動扭矩T 　$T = \dfrac{\mu F_a \times (\dfrac{2}{3} \times \dfrac{R_o{}^3 - R_i{}^3}{R_o{}^2 - R_i{}^2})}{\sin\alpha} = \dfrac{\mu F_a R_e}{\sin\alpha}$ 　$R_e = \dfrac{2}{3} \times \dfrac{R_o{}^3 - R_i{}^3}{R_o{}^2 - R_i{}^2}$
帶式離合器	傳動扭矩T 　$T = (F_1 - F_2) \times R = (F_1 - F_2) \times \dfrac{D}{2}$ 　$\dfrac{F_1}{F_2} = e^{\mu\beta}$ 　$F_1 = P_{max} bR \leftrightarrow P_{max} = \dfrac{F_1}{bR}$

盤式制動器	均勻磨耗理論 1. 正向力F_a或制動力F_n $F_a = F_n = \theta P_{max} R_i (R_o - R_i)$ 2. 傳動扭矩T $T = \mu F_n (\dfrac{R_i + R_o}{2}) = \mu F_n R_e$ $R_e = \dfrac{R_o + R_i}{2}$ 均勻壓力理論 1. 正向力F_a或制動力F_n $F_a = F_n = P \dfrac{\theta}{2}(R_o{}^2 - R_i{}^2)$ 2. 傳動扭矩T $T = \mu F_n (\dfrac{2}{3} \times \dfrac{R_o{}^3 - R_i{}^3}{R_o{}^2 - R_i{}^2}) = \mu F_n R_e$ $R_e = \dfrac{2}{3} \times \dfrac{R_o{}^3 - R_i{}^3}{R_o{}^2 - R_i{}^2}$
帶式制動器	制動扭矩T $T = (F_1 - F_2) \times R = (F_1 - F_2) \times \dfrac{D}{2}$ $\dfrac{F_1}{F_2} = e^{\mu\beta}$ $F_1 = P_{max} b R \leftrightarrow P_{max} = \dfrac{F_1}{bR}$
塊式制動器	1. $P(a+b) = Na$ 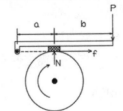

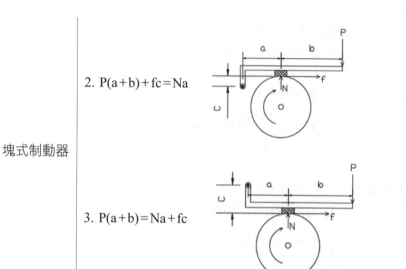

2. $P(a+b)+fc=Na$

塊式制動器

3. $P(a+b)=Na+fc$

焦點統整

8-1　盤式離合器

1. 均勻磨耗理論

(1) 欲使離合器產生咬合作用所需之正向力F_a或制動力F_n

$$F_a=F_n=2\pi P_{max}R_i(R_o-R_i)$$

其中，P_{max}：最大接觸壓力

　　　　R_o：盤式離合器外徑

　　　　R_i：盤式離合器內徑

(2) 欲使離合器產生咬合作用所需之傳動扭矩T

$$T=\mu F_n(\frac{R_i+R_o}{2})=\mu F_n R_e$$

其中，μ：接觸摩擦係數

　　　　R_e：盤式離合器之有效摩擦半徑，為$\frac{R_o+R_i}{2}$

2. 均勻壓力理論

(1) 欲使離合器產生咬合作用所需之正向力F_a或制動力F_n

$$F_a = F_n = P\pi(R_o^2 - R_i^2)$$

其中，P：平板面上之平均壓力（均勻壓力），為一常數

　　　　R_o：盤式離合器外徑

　　　　R_i：盤式離合器內徑

(2) 欲使離合器產生咬合作用所需之傳動扭矩T

$$T = \mu F_n(\frac{2}{3} \times \frac{R_o^3 - R_i^3}{R_o^2 - R_i^2}) = \mu F_n R_e$$

其中，μ：接觸摩擦係數

　　　　R_e：盤式離合器之有效摩擦半徑，為$\frac{2}{3} \times \frac{R_o^3 - R_i^3}{R_o^2 - R_i^2}$

若題目未特別強調用哪種摩擦理論解析時，一般都是用均勻磨耗理論求解。

牛刀小試

某一單片盤式離合器，其外徑為280mm，內徑為200mm，制動力為4.5kN，接觸面摩擦係數為0.3，試以均勻磨耗理論求解接觸面之最大壓力為多少？

解：制動力$F_n = 2\pi P_{max} R_i(R_o - R_i)$

$$4500 = 2\pi P_{max} \times \frac{200}{2}(\frac{280}{2} - \frac{200}{2}) \rightarrow P_{max} = 179kPa$$

8-2　錐式離合器

1. 均勻磨耗理論

(1) 欲使離合器產生咬合作用所需之正向力F_a

$$F_a = F_n = 2\pi P_{max} R_i(R_o - R_i)$$

其中，P_{max}：最大接觸壓力

R_o：盤式離合器外徑

R_i：盤式離合器內徑

(2) 欲使離合器產生咬合作用所需之制動力Fn

$$F_n = \frac{2\pi P_{max} R_i (R_o - R_i)}{\sin\alpha}$$

其中，α：圓錐半頂角或稱半錐角

(3) 欲使離合器產生咬合作用所需之傳動扭矩T

$$T = \frac{\mu F_a \times \dfrac{R_i + R_o}{2}}{\sin\alpha} = \frac{\mu F_a R_e}{\sin\alpha}$$

其中，μ：接觸摩擦係數

R_e：盤式離合器之有效摩擦半徑，為$\dfrac{R_o + R_i}{2}$

2. 均勻壓力理論

(1) 欲使離合器產生咬合作用所需之正向力F_a

$$F_a = P\pi(R_o^2 - R_i^2)$$

其中，P：平板面上之平均壓力（均勻壓力），為一常數

R_o：盤式離合器外徑

R_i：盤式離合器內徑

(2) 欲使離合器產生咬合作用所需之制動力F_n

$$F_n = \frac{P\pi(R_o^2 - R_i^2)}{\sin\alpha}$$

其中，α：圓錐半頂角或稱半錐角

(3) 欲使離合器產生咬合作用所需之傳動扭矩T

$$T = \frac{\mu F_a \times (\dfrac{2}{3} \times \dfrac{R_o^3 - R_i^3}{R_o^2 - R_i^2})}{\sin\alpha} = \frac{\mu F_a R_e}{\sin\alpha}$$

其中，μ：接觸摩擦係數

R_e：盤式離合器之有效摩擦半徑，為$\dfrac{2}{3} \times \dfrac{R_o^3 - R_i^3}{R_o^2 - R_i^2}$

牛刀小試

某一錐式離合器之內徑為150mm，外徑為280mm，半錐角為7°，摩擦係數為0.3，接觸面均勻壓力為1MPa，試求其傳動力矩為若干？

解：$F_a = P\pi(R_o^2 - R_i^2) = 1 \times \pi \times (140^2 - 75^2) = 43903.76N$

$R_e = \dfrac{2}{3} \times \dfrac{R_o^3 - R_i^3}{R_o^2 - R_i^2} = \dfrac{2}{3} \times \dfrac{140^3 - 75^3}{140^2 - 75^2} = 110.78mm$

$T = \dfrac{\mu F_a R_e}{\sin\alpha} = \dfrac{0.3 \times 43903.76 \times 110.78}{\sin 7°} = 11.97kN\text{-}m$

8-3　帶式離合器

傳動扭矩T

$$T = (F_1 - F_2) \times R = (F_1 - F_2) \times \dfrac{D}{2}$$

$$\dfrac{F_1}{F_2} = e^{\mu\beta}$$

$$F_1 = P_{max}bR \leftrightarrow P_{max} = \dfrac{F_1}{bR}$$

其中，F_1：鋼帶之緊邊張力

　　　　F_2：鋼帶之鬆邊張力

D：鼓輪直徑

R：鼓輪半徑

μ：接觸摩擦係數

β：鋼帶與鼓輪之接觸角度（單位：rad）

P_{max}：最大接觸壓力

b：鋼帶寬度

牛刀小試

某一帶式離合器其鼓輪直徑為400mm，運轉時接觸角為240°，接觸摩擦係數為0.3，鋼帶之緊邊張力為5kN，則其傳動扭矩為若干？

解： $\dfrac{F_1}{F_2} = e^{\mu\beta} \rightarrow F_2 = \dfrac{F_1}{e^{\mu\beta}} = \dfrac{5}{e^{0.3 \times \frac{240}{180} \times \pi}} = 1.42$ kN

$T = (F_1 - F_2) \times R = (5 - 1.42) \times 200 = 716 \text{N-m}$

8-4　盤式制動器

1. 均勻磨耗理論

(1) 欲使離合器產生咬合作用所需之正向力F_a或制動力F_n

$F_a = F_n = \theta P_{max} R_i (R_o - R_i)$

其中，θ：與制動器摩擦襯料之接觸角（單位：rad）

P_{max}：最大接觸壓力

R_o：盤式離合器外徑

R_i：盤式離合器內徑

(2) 欲使離合器產生咬合作用所需之制動扭矩T

$T = \mu F_n (\dfrac{R_i + R_o}{2}) = \mu F_n R_e$

其中，μ：接觸摩擦係數

R_e：盤式離合器之有效摩擦半徑，為$\dfrac{R_o + R_i}{2}$

2. 均勻壓力理論

(1) 欲使離合器產生咬合作用所需之正向力F_a或制動力F_n

$F_a = F_n = P\dfrac{\theta}{2}(R_o{}^2 - R_i{}^2)$

其中，P：平板面上之平均壓力（均勻壓力），為一常數

　　　R_o：盤式離合器外徑

　　　R_i：盤式離合器內徑

(2) 欲使離合器產生咬合作用所需之制動扭矩T

$$T=\mu F_n(\frac{2}{3}\times\frac{R_o^3-R_i^3}{R_o^2-R_i^2})=\mu F_n R_e$$

其中，μ：接觸摩擦係數

　　　R_e：盤式離合器之有效摩擦半徑，為$\dfrac{2}{3}\times\dfrac{R_o^3-R_i^3}{R_o^2-R_i^2}$

牛刀小試

某一單片盤式制動器，其外徑為280mm，內徑為200mm，制動力為4.5kN，接觸面摩擦係數為0.3，摩擦襯料之接觸角為120°，試以均勻磨耗理論求解接觸面之最大壓力為多少？

解：制動力$F_n=\theta P_{max}R_i(R_o-R_i)$

$$4500=\frac{120}{180}\times\pi\times P_{max}\times\frac{200}{2}(\frac{280}{2}-\frac{200}{2})\rightarrow P_{max}=537.14kPa$$

8-5　帶式制動器

制動扭矩T

$$T=(F_1-F_2)\times R=(F_1-F_2)\times\frac{D}{2}$$

$$\frac{F_1}{F_2}=e^{\mu\beta}$$

$$F_1=P_{max}bR\leftrightarrow P_{max}=\frac{F_1}{bR}$$

其中，F_1：鋼帶之緊邊張力

　　　F_2：鋼帶之鬆邊張力

　　　D：鼓輪直徑

　　　R：鼓輪半徑

　　　μ：接觸摩擦係數

　　　β：鋼帶與鼓輪之接觸角度（單位：rad）

　　　P_{max}：最大接觸壓力

　　　b：鋼帶寬度

牛刀小試

某一帶式離合器其鼓輪直徑為400mm，運轉時與鼓輪之接觸角為240°，接觸摩擦係數為0.3，鋼帶之緊邊張力為5kN，若鼓輪轉速為200RPM，則其制動扭矩與功率各為若干？

解：$\dfrac{F_1}{F_2} = e^{\mu\beta} \rightarrow F_2 = \dfrac{F_1}{e^{\mu\beta}} = \dfrac{F_1}{e^{0.3 \times \frac{240}{180} \times \pi}} = 1.42\text{kN}$

　　制動扭矩$T = (F_1 - F_2) \times R = (5 - 1.42) \times 200 = 716\text{N-m}$

　　制動功率$\dot{W} = T\omega = 716 \times \dfrac{200 \times 2\pi}{60} = 15\text{kW}$

8-6　塊式制動器

塊式制動器安裝型態	力矩平衡表示式
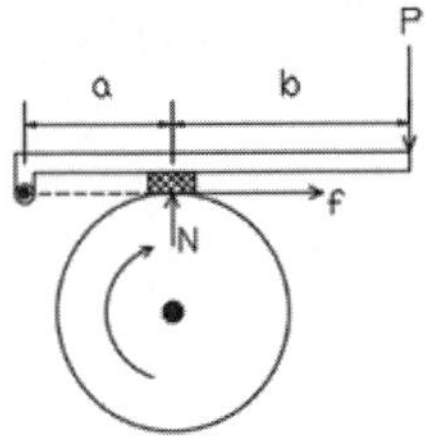	$P(a+b)=Na$
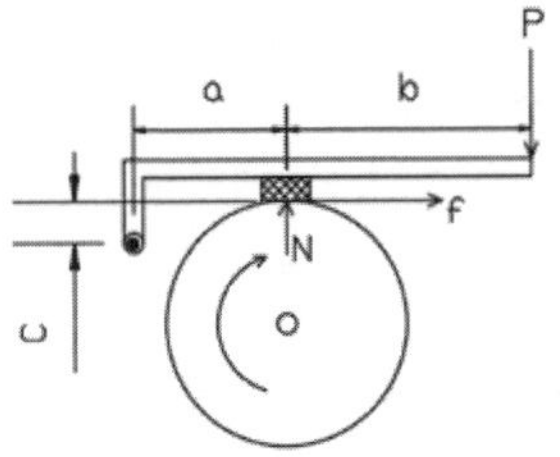	$P(a+b)+fc=Na$
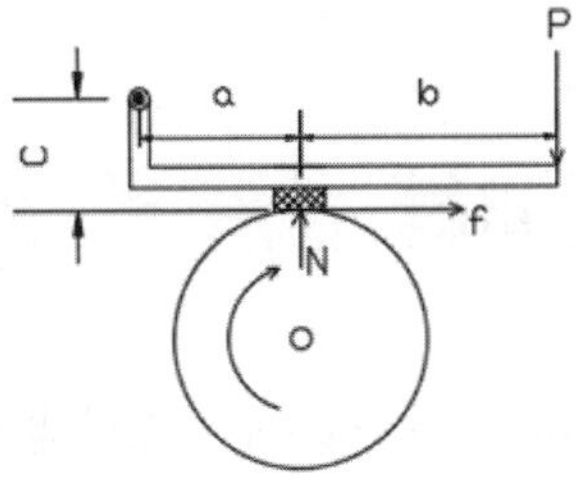	$P(a+b)=Na+fc$
制動扭矩$T=fR=\mu NR$	

牛刀小試

某一塊式制動器裝置如下圖所示，若a＝10cm，b＝30cm，c＝3cm，鼓輪外徑為15cm，摩擦係數為0.3。目前鼓輪運轉狀態為500RPM傳送10kW之功率，試求出將鼓輪停止之施加力P、正向力N與摩擦力f。

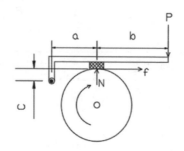

解：制動功率 $\dot{W}=T\omega \rightarrow 10\times10^3=T\times\dfrac{500\times2\pi}{60}$

得制動扭矩 $T=191N\text{-}m$

$T=fR \rightarrow 191=f\times0.075$，摩擦力 $f=2546.67N$

正向力 $N=\dfrac{f}{\mu}=\dfrac{2546.67}{0.3}=8488.90N$

施加力 $P=\dfrac{Na-fc}{a+b}=\dfrac{8488.9\times10-2546.67\times3}{10+30}=1931.22N$

精選試題演練

1 某工具機裝置一個單片盤式離合器（Disc type clutch）以傳遞馬達及主軸驅動扭力矩（Torque）。已知摩擦盤之外徑為內徑之1.2倍，摩擦係數為0.25，磨擦材料之壓力為3.6 K/cm²，在900 rpm轉速下傳遞5 Hp之功率。求摩擦盤之：

(一) 內徑（mm）。

(二) 外徑（mm）。

(三) 彈簧所施於摩擦盤上之軸向壓力。（103年地特三等）

解：$T=\mu F_n(\dfrac{2}{3}\times\dfrac{R_o{}^3-R_i{}^3}{R_o{}^2-R_i{}^2})=\mu F_n R_e$

假設 R_o 與 R_i 之單位為m

（一）$P=3.6kg/cm^2=3.6\times98.1kPa=353.16kPa$

$\dot{W}=5hp=5\times0.746kW=3.93kW$

$$\omega=\frac{900\times2\pi}{60}=94.25rad/s$$

$$\therefore T=\frac{\dot{W}}{\omega}=\frac{3.73}{94.25}=0.04lkN\text{-}m$$

$$R_e=\frac{2}{3}\times\frac{R_o^3-R_i^3}{R_o^2-R_i^2}=\frac{2}{3}\times\frac{(1.2R_i)^3-R_i^3}{(1.2R_i)^2-R_i^2}=1.1R_i$$

$$F_n=P\pi(R_o^2-R_i^2)=353.16\times\pi\times0.44R_i^2=488.17R_i^2kN$$

$$T=\mu F_nR_e\to0.04=0.25\times488.17R_i^2\times1.1Ri$$

得 $R_i=0.06679m=66.79mm$

（二）$R_o=1.2R_i=1.2\times66.79=80.15mm$

（三）$F_a=F_n=488.17R_i^2=488.17\times0.06679^2=2.18kN$

---

2 請繪圖說明汽車碟式煞車器的作動原理。另請說明設計該碟式煞車器時，有那些方法可以提高其煞車力。（103年鐵路員級）

解：作動原理：

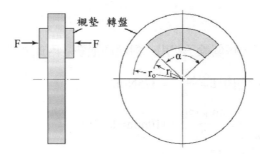

利用兩片環狀襯墊夾住輪子上的煞車碟盤，利用其之間的摩擦力產生制動的效果。

提高剎車力效果的方法：

(一) 增加襯墊接觸面積

(二) 增加接觸摩擦力

(三) 增加襯墊的制動力F

3 下圖所示為一個具兩個環狀襯墊的碟式煞車（disk brake），各個襯墊的外半徑r_o=130mm，內半徑r_i=90mm，角度α=108°，摩擦係數f=0.42，並藉由直徑40mm的液壓缸予以制動。若該煞車系統的扭矩容量為1500N-m，根據均等壓力（uniform pressure）的條件，試求：

(一) 最大壓力p_{max}。

(二) 作用在襯墊的制動力F。

(三) 液壓缸需要的液壓。（104年地特三等）

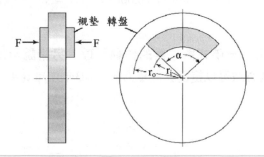

解：(一) 前輪2個，每個輪子使用一對環形襯墊，因此共使用4個環形襯墊，每

一襯墊之扭矩$T=\dfrac{1500}{4}=375$N-m

$$R_e=\frac{R_i+R_o}{2}=\frac{90+130}{2}=110mm=0.11m$$

$$F_n=\frac{T}{\mu R_e}=\frac{375}{0.42\times0.11}=8116.88N$$

$$P_{max}=\frac{F_n}{\theta R_i(R_o-R_i)}=\frac{8116.88}{\dfrac{108}{180}\times\pi\times90\times(130-90)}=1.2MPa$$

(二) 制動力$F_n = 8116.88N$

(三) 液壓$P = \dfrac{F_n}{A_h} = \dfrac{8116.88}{\dfrac{\pi}{4} \times 40^2} = 6.46MPa$

---

4 某一帶式離合器系統，旗鼓輪直徑為500mm，鋼帶襯料寬度70mm，轉速為200RPM，接觸角度為240°，摩擦係數為0.3，若鋼帶襯料最大壓力P_{max}為0.5MPa，試求其制動扭矩及制動馬力大小。

解： $F_1 = P_{max}bR = 0.5 \times 70 \times 250 = 8750N$

$\dfrac{F_1}{F_2} = e^{\mu\beta} \rightarrow F_2 = \dfrac{F_1}{e^{\mu\beta}} = \dfrac{8750}{e^{0.3 \times \frac{240}{180} \times \pi}} = 2490.33kN$

$T = (F_1 - F_2) \times R = (8750 - 2490.33) \times 0.25 = 1564.92N\text{-}m$

制動功率$\dot{W} = T\omega = 1564.92 \times \dfrac{200 \times 2\pi}{60} = 32.78kW$

---

5 某一塊式制動器裝置如下圖所示，若a＝10cm，b＝30cm鼓輪外徑為15cm，摩擦係數為0.3。目前鼓輪運轉狀態為500RPM傳送10kW之功率，試求出將鼓輪停止之施加力P、正向力N與摩擦力f。

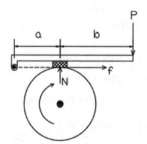

解：制動功率 $\dot{W} = T\omega \rightarrow 10 \times 10^3 = T \times \dfrac{500 \times 2\pi}{60}$

得制動扭矩 T = 191N-m

$T = fR \rightarrow 191 = f \times 0.075$，摩擦力 f = 2546.67N

正向力 $N = \dfrac{f}{\mu} = \dfrac{2546.67}{0.3} = 8488.90N$

施加力 $P = \dfrac{Na}{a+b} = \dfrac{8488.9 \times 10}{10 + 30} = 2122.23N$

---

6 某一塊式制動器裝置如下圖所示，若a＝60cm，b＝90cm，c＝15cm鼓輪外徑為100cm，摩擦係數為0.3，若施加力P為200N，則鼓輪於(一)順時針方向，(二)逆時針方向運轉時，其制動扭矩之大小。

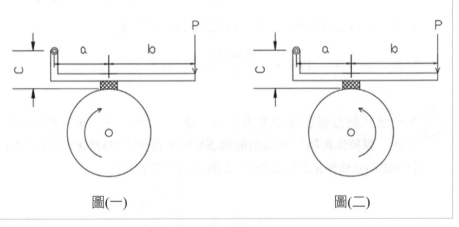

圖(一)   圖(二)

解：(一) 正向力 $N = \dfrac{P(a+b)}{a+\mu c} = \dfrac{200(60+90)}{60+0.3 \times 15} = 465.12N$

$T = \mu NR = 0.3 \times 465.12 \times 0.05 = 6.98N\text{-m}$

(二) 正向力 $N = \dfrac{P(a+b)}{a-\mu c} = \dfrac{200(60+90)}{60-0.3 \times 15} = 540N$

$T = \mu NR = 0.3 \times 540 \times 0.05 = 8.1N\text{-m}$

7 某一致動器之來令片摩擦面積為80cm2，摩擦係數為0.3，接觸面之相對速度為5m/sec，消耗功率為30hp，則所選用來令片之耐壓力至少須為多少？

解：假設來令片之正向接觸力為N

$\dot{W}=fv \rightarrow 0.3N \times 5=30 \times 0.746$

正向接觸力N＝14.92kN

耐壓力$P=\dfrac{14.92 \times 10^3}{80 \times 100}=1.865MPa$

8 某一轉軸當轉速為500RPM時傳送25kW之動力，其制動系統如圖所示。已知a＝10cm，b＝30cm，若輪鼓直徑為20cm，接觸摩擦係數為0.3。若欲使軸完全停止，需施加之操作力P為多少？

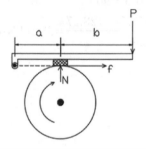

解：$\dot{W}=T\omega=\mu NR\omega \rightarrow 25 \times 10^3=0.3 \times N \times 0.1 \times \dfrac{500 \times 2\pi}{60}$

得正向力N＝15915.49N

$15915.49 \times 10=P \times (10+30) \rightarrow P=3978.87N$

9　某一個盤式離合器，其摩擦盤之外徑為400mm，內徑為150mm，摩擦係數為0.4，若使用均一壓力理論，其P＝1MPa，請求出其正向力與扭矩。

解：(一) 正向力$F_a = P\pi(R_o^2 - R_i^2) = 1 \times \pi \times (200^2 - 75^2) = 108$kN

　　(二) 等效半徑$R_e = \dfrac{2}{3} \times \dfrac{R_o^3 - R_i^3}{R_o^2 - R_i^2} = \dfrac{2}{3} \times \dfrac{200^3 - 75^3}{200^2 - 75^2} = 146.97$mm

　　　扭矩$T = \mu F_a R_e = 0.4 \times 108 \times 146.97 = 6349.09$N-m

10　某一錐式離合器之內徑為180mm，外徑為320mm，半錐角為7°，摩擦係數為0.3，接觸面均勻壓力為2MPa，試求其傳動力矩為若干？

解：正向力$F_a = P\pi(R_o^2 - R_i^2) = 2 \times \pi \times (160^2 - 90^2) = 109955.74$N

$R_e = \dfrac{2}{3} \times \dfrac{R_o^3 - R_i^3}{R_o^2 - R_i^2} = \dfrac{2}{3} \times \dfrac{160^3 - 90^3}{160^2 - 90^2} = 128.27$mm

$T = \dfrac{\mu F_a R_e}{\sin \alpha} = \dfrac{0.3 \times 109955.74 \times 128.27}{\sin 7°} = 38.56$kN-m

本章依據出題頻率區分，屬：**C** 頻率低

第九章 撓性傳動元件設計

課前導讀

1.皮帶與皮帶輪
2.鏈條與鏈輪

本章各節皆為重點，考出比例相同，因此在公式的運用上，請讀者務必熟練。

⭐ **重要公式整理**

皮帶與皮帶輪	
接觸角	開口皮帶 $\theta_1 = 180° - 2\alpha$ $\theta_2 = 180° + 2\alpha$ 其中$\alpha = \dfrac{R_2 - R_1}{C}$ R為皮帶輪半徑，C為兩輪軸中心距離 交叉皮帶 $\theta_1 = \theta_2 = 180° + 2\alpha$ 其中$\alpha = \dfrac{R_2 + R_1}{C}$ R為皮帶輪半徑，C為兩輪軸中心距離
皮帶長度	開口皮帶 $L = \pi(R_2 + R_1) + 2C + \dfrac{(R_2 - R_1)^2}{C}$ 交叉皮帶 $\theta_1 = \theta_2 = 180° + 2\alpha$ 其中$\alpha = \dfrac{R_2 + R_1}{C}$ R為皮帶輪半徑，C為兩輪軸中心距離

塔輪	開口皮帶 轉速比 $\dfrac{n_x}{N}=\dfrac{D_x}{d_x}$ 長度　$\pi(R_x+r_x)+\dfrac{(R_x-r_x)^2}{C}=$ 常數 交叉皮帶 轉速比 $\dfrac{n_x}{N}=\dfrac{D_x}{d_x}$ 長度　$R_x+r_x=$ 常數
皮帶之動力	$T=(F_1-F_2)\times R=(F_1-F_2)\times\dfrac{D}{2}$ $\dfrac{F_1}{F_2}=e^{\mu\beta}$ $F_i=\dfrac{F_1+F_2}{2}$ $F_e=F_1-F_2$
皮帶傳動速度	轉速比 $\dfrac{N_2}{N_1}=\dfrac{R_1}{R_2}=\dfrac{D_1}{D_2}$
鏈條與鏈輪	
鏈輪節徑	$D=\dfrac{P}{\sin\dfrac{\beta}{2}}=\dfrac{P}{\sin\dfrac{180°}{Z}}$
鏈條長度	鏈節數 $L_P=\dfrac{Z_1+Z_2}{2}+\dfrac{2C}{P}+\dfrac{P}{4\pi^2\times\dfrac{C}{P}}$ 鏈條長度 $L=L_P\times P$
鏈條傳動速度	轉速比 $\dfrac{N_2}{N_1}=\dfrac{D_1}{D_2}=\dfrac{Z_1}{Z_2}$
鏈條之動力	$T=F_1R$ 鏈條鬆邊張力 F_2 幾乎為零

焦點統整

9-1 皮帶與皮帶輪

1. 開口皮帶與交叉皮帶之差異比較

（下標1為小輪，下標2為大輪）

	開口皮帶	交叉皮帶
兩輪軸位置	互相平行	互相平行
兩輪軸轉向	同向	反向
皮帶與皮帶輪之接觸角	$\theta_1 = 180° - 2\alpha$ $\theta_2 = 180° + 2\alpha$ 其中 $\alpha = \dfrac{R_2 - R_1}{C}$ R為皮帶輪半徑 C為兩輪軸中心距離	$\theta_1 = \theta_2 = 180° + 2\alpha$ 其中 $\alpha = \dfrac{R_2 + R_1}{C}$ R為皮帶輪半徑 C為兩輪軸中心距離
皮帶長度	$L = \pi(R_2 + R_1) + 2C + \dfrac{(R_2 - R_1)^2}{C}$	$L = \pi(R_2 + R_1) + 2C + \dfrac{(R_2 + R_1)^2}{C}$
塔輪 主動輪： N、D_x、R_x	轉速比 $\dfrac{n_x}{N} = \dfrac{D_x}{d_x}$	轉速比 $\dfrac{n_x}{N} = \dfrac{D_x}{d_x}$
從動輪： n_x、d_x、r_x	長度 $\pi(R_x + r_x) + \dfrac{(R_x - r_x)^2}{C} = $ 常數	長度 $R_x + r_x = $ 常數

2. 皮帶之動力

$$T = (F_1 - F_2) \times R = (F_1 - F_2) \times \frac{D}{2}$$

$$\frac{F_1}{F_2} = e^{\mu\beta}$$

$$F_i = \frac{F_1 + F_2}{2}$$

$$F_e = F_1 - F_2$$

其中，

F_1：皮帶之緊邊張力

F_2：皮帶之鬆邊張力

F_i：皮帶之初始張力

F_e：皮帶之有效張力

D：皮帶輪直徑

R：皮帶輪半徑

μ：接觸摩擦係數

β：鋼帶與皮帶輪輪之接觸角度（單位：rad）

3.皮帶傳動速度

$$轉速比 \frac{N_2}{N_1} = \frac{R_1}{R_2} = \frac{D_1}{D_2}$$

牛刀小試

某一皮帶輪機構，主動輪直徑未知而轉速為200RPM，從動輪直徑為30cm而轉速為500RPM，若兩軸中心距為100cm，試求：

(1) 主動輪直徑

(2) 皮帶傳動線速度

(3) 若皮帶型式為交叉皮帶之皮帶長。

解：(1) 轉速比 $\frac{N_2}{N_1} = \frac{D_1}{D_2} \to \frac{500}{200} = \frac{D_1}{30}$，主動輪直徑$D_1 = 75$cm

(2) 線速度$V = r\omega = \frac{30}{2 \times 100} \times \frac{500 \times 2\pi}{60} = 7.85$m/s

(3) $L = \pi(R_2 + r_1) + 2C + \frac{(R_2 + r_1)^2}{C}$

$\qquad = \pi(37.5 + 15) + 2 \times 100 + \frac{(37.5 + 15)^2}{100} = 392.50$cm

9-2　鏈條與鏈輪

1. **鏈輪節徑**

$$D=\frac{P}{\sin\frac{\beta}{2}}=\frac{P}{\sin\frac{180°}{Z}}$$

其中，

P：鏈條節距

D：鏈輪節徑

Z：鏈輪齒數

β/2：接合角

2. **鏈條長度**

$$鏈節數L_P=\frac{Z_1+Z_2}{2}+\frac{2C}{P}+\frac{P}{4\pi^2\times\frac{C}{P}}$$

鏈條長度$L=L_P\times P$

C：兩輪軸中心距離

3. **鏈條傳動速度**

$$轉速比\frac{N_2}{N_1}=\frac{D_1}{D_2}=\frac{Z_1}{Z_2}$$

4. **鏈條之動力**

$T=F_1R$

鏈條鬆邊張力F_2幾乎為零

牛刀小試

某一組轉速比為2：1的鏈輪組，大鏈輪齒數為40齒，兩鏈輪軸中心距離為80cm，鏈條節徑為4cm，請求出：

(1) 大、小鏈輪之節徑（cm）

(2) 鏈條長度（cm）

解：(1) $\dfrac{N_2}{N_1}=\dfrac{Z_1}{Z_2} \to \dfrac{1}{2}=\dfrac{Z_1}{40} \to$ 小鏈輪齒數Z_1為20齒

小鏈輪節徑$D_1=\dfrac{P}{\sin\dfrac{180°}{Z_1}}=\dfrac{4}{\sin\dfrac{180°}{20}}=25.49$cm

大鏈輪節徑$D_2=\dfrac{P}{\sin\dfrac{180°}{Z_2}}=\dfrac{4}{\sin\dfrac{180°}{40}}=50.98$cm

(2) 鏈節數$L_P=\dfrac{Z_1+Z_2}{2}+\dfrac{2C}{P}+\dfrac{P}{4\pi^2\times\dfrac{C}{P}}$

$=\dfrac{20+40}{2}+\dfrac{2\times80}{4}+\dfrac{(40-20)^2}{4\pi^2\times\dfrac{80}{P}}$

$=70.51 \to$ 採用72節

鏈條長度$L=L_P\times P=72\times4=288$cm

![精選試題演練]

精選試題演練

1 如圖所示之皮帶制動器，其摩擦係數為0.30，最大的操作力F為400N，皮帶的寬度為50 mm，試求皮帶的張力及制動扭力。（102年地特三等）

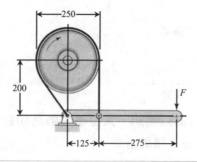

解：$400\times(125+275)=125\times F_2$

$F_2=1280$N

$$\frac{F_1}{F_2}=e^{\mu\beta} \rightarrow \frac{F_1}{1280}=e^{0.3\times\frac{(38.68+180)}{180}\pi}=3.14$$

$$F_1=1280\times3.14=4019.2N$$

$\therefore$ 緊邊張力為4019.2N，鬆邊張力為1280N

制動扭力$T=(F_1-F_2)R=(4019.2-1280)\times0.125=342.4N\text{-}m$

---

2 經由馬達帶動某滾動鏈條（rolling chain）傳動系統，傳動功率為110kW，鏈條速為55m/s，馬達轉速為6200rpm，試問：

(一) 鏈條的傳遞力（transmitted force）。

(二) 鍊輪（sprocket）的半徑。

(三) 作用在鍊輪上的扭力。

(四) 安裝完成後的鏈條傳動裝置，需如何在維護上增長使用壽命？
（102年普考）

解：(一) $\dot{W}=FV=F=\frac{\dot{W}}{V}=\frac{110\times1000}{55}=2000N$

　　(二) $R=\frac{V}{\omega}=\frac{55}{\frac{6200\times2\pi}{60}}=0.0847m=8.47cm$

　　(三) $T=FR=2000\times0.0847=169.42N\text{-}m$

(四) 定期塗上潤滑油

---

3 已知單條普通V型皮帶可以傳遞的最大功率為3.75kW，主動輪基準直徑為100mm，轉速為1200rpm，皮帶與皮帶輪間之接觸角度為150度，皮帶與皮帶輪間的摩擦係數為0.35；試求皮帶的：

(一) 有效挽力（Effective force）。

(二) 緊邊拉力。

(三) 鬆邊拉力。

(四) 最大有效圓周力（不考慮離心力）。（103年高考三級）

解：(一) $\dot{W}=T\omega \rightarrow T=\dfrac{\dot{W}}{\omega}=\dfrac{3.75\times1000}{\dfrac{1200\times2\pi}{60}}=29.84\text{N-m}$

　　　$T=(F_1-F_2)R$

　　　$F_e=F_1-F_2=\dfrac{T}{R}=\dfrac{29.84}{0.05}=596.8\text{N}$

(二) $F_1-F_2=596.8\text{N}\cdots(1)$

　　$\dfrac{F_1}{F_2}=e^{\mu\beta}=e^{0.3\times\frac{150}{180}\pi}=2.5\cdots(2)$

　　由(1)、(2)可解得$F_1=994.67\text{N}$，$F_2=397.86\text{N}$

　　$\therefore F_1=994.67\text{N}$

(三) $F_2=397.86\text{N}$

(四) $F=F_1-F_2=596.8\text{N}$

---

4 某水平放置之滾子鏈條傳動，傳遞功率P＝7.5kW，主動鏈輪有19齒與馬達連接，轉速為760rpm，從動鏈輪有78齒轉速為185rpm，負荷平穩，潤滑良好，試設計此鏈條傳動裝置中，中心距為480mm，滾子鏈條節距為15.875mm，則鏈條要多少mm長？共需幾節鏈條？試說明採用鏈條傳動之理由？（103年普考）

解：(一) 鏈節數$L_P=\dfrac{Z_1+Z_2}{2}+\dfrac{2C}{P}+\dfrac{P}{4\pi^2\times\dfrac{C}{P}}$

　　　　　$=\dfrac{19+78}{2}+\dfrac{2\times480}{15.875}+\dfrac{(78-19)^2}{4\pi^2\times\dfrac{480}{15.875}}$

　　　　　$=111.89 \rightarrow$ 採用112節

　　鏈條長度$L=L_P\times P=112\times15.875=1778\text{mm}$

(二) 112節鏈條

(三) 1. 兩軸軸心距比皮帶遠

　　　2. 傳送動力比皮帶大

　　　3. 無滑動現象

　　　4. 相對於皮帶，可使用較大的轉速比

　　　5. 相對於皮對，傳動效率較高

5 (一) 皮帶傳動系統分成幾種？請繪圖說明之。

(二) 試計算一開口平皮帶驅動系統之皮帶緊邊及鬆邊各自的張力，若兩傳動輪之直徑均為800mm，皮帶最大負載為1000N，轉速為600rpm，皮帶質量為0.8 kg/m，摩擦係數為0.2。（104年普考）

解：(一)　　　　　開口皮帶　　　　　　　　　　交叉皮帶

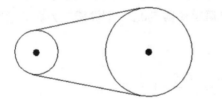 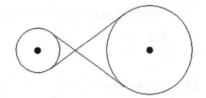

(二) $F_1 - F_2 = 1000 \cdots (1)$

$\dfrac{F_1}{F_2} = e^{\mu\beta} = e^{0.2 \times \frac{180}{180}\pi} = 1.87 \cdots (2)$

由(1)、(2)可解得$F_1 = 651.57N$，$F_2 = 348.43N$

∴緊邊張力為651.57N，鬆邊張力為348.43N

6 某皮帶輪機構其兩輪軸中心距離為2m，皮帶之直徑分別為400mm與600mm，是分別以開口皮帶與交叉皮帶兩種不同傳動系統計算所需皮帶長度。

解：開口皮帶：

$$L = \pi(R_2 + R_1) + 2C + \frac{(R_2 - R_1)^2}{C}$$

$$= \pi(300 + 200) + 2 \times 2000 + \frac{(300 - 200)^2}{2000}$$

$$= 5575.79 \text{mm}$$

交叉皮帶：

$$L = \pi(R_2 + R_1) + 2C + \frac{(R_2 + R_1)^2}{C}$$

$$= \pi(300 + 200) + 2 \times 2000 + \frac{(300 + 200)^2}{2000}$$

$$= 5695.79 \text{mm}$$

---

7 某一直徑為30cm的皮帶輪，轉速為600RPM，皮帶傳動功率為15HP，皮帶輪之接觸角為150°，皮帶之摩擦係數為0.3，則鬆邊拉力與緊邊拉力各為若干？

解：(一) $\dot{W} = T\omega \rightarrow T = \frac{\dot{W}}{\omega} = \frac{15 \times 0.746 \times 1000}{\frac{600 \times 2\pi}{60}} = 178.09 \text{N-m}$

$T = (F_1 - F_2)R$

$F_e = F_1 - F_2 = \frac{T}{R} = \frac{178.09}{0.15} = 1187.29 \text{N}$

(二) $F_1 - F_2 = 1187.29 \cdots (1)$

$\frac{F_1}{F_2} = e^{\mu\beta} = e^{0.3 \times \frac{150}{180}\pi} = 2.19 \cdots (2)$

由(1)、(2)可解得$F_1 = 2185.01 \text{N}$，$F_2 = 997.72 \text{N}$

8 某一3kW的馬達驅動一泵運轉，其驅動機構為開口皮帶輪系統。主動輪直徑為100mm，轉速1500RPM，從動輪直徑為300mm，兩輪軸中心距離為1m，試求出：
(一) 從動輪轉速。
(二) 皮帶傳動速率。
(三) 皮帶長度。

解： (一) 轉速比 $\dfrac{N_2}{1500}=\dfrac{100}{300}$ → 從動輪轉速 $N_2=500$RPM

(二) 皮帶傳動速率 $V=R\omega=\dfrac{100}{2\times1000}\times\dfrac{1500\times2\pi}{60}=7.85$m/s

(三) $L=\pi(R_2+R_1)+2C+\dfrac{(R_2-R_1)^2}{C}$

$\quad\quad=\pi(150+50)+2\times1000+\dfrac{(150-50)^2}{1000}$

$\quad\quad=2638.32$mm

9 一鏈輪系統之大鏈輪齒數為50齒，小鏈輪齒數為20齒，兩輪軸中心距離為0.8m，若鏈條節距為15.875mm，請求出此鏈條所需之鏈結數與鏈條長度。

解： 鏈節數 $L_P=\dfrac{Z_1+Z_2}{2}+\dfrac{2C}{P}+\dfrac{P}{4\pi^2\times\dfrac{C}{P}}$

$\quad\quad=\dfrac{20+50}{2}+\dfrac{2\times800}{15.875}+\dfrac{(50-20)^2}{4\pi^2\times\dfrac{800}{15.875}}$

$\quad\quad=136.24$ → 採用138節

鏈條長度 $L=L_P\times P=138\times15.875=2190.75$mm

10 已知鏈條節距為12mm，小鏈輪之節徑80mm，若鏈輪速度比為3，兩輪軸中心距離為500mm，請求出此鏈條所需之鏈條長度。

解： 轉速比$3 = \dfrac{D_1}{80} \to$ 主動輪直徑$D_1 = 240$mm

$$D_1 = \frac{P}{\sin \dfrac{180°}{Z_1}} \to 240 = \frac{12}{\sin \dfrac{180°}{Z_1}} \to Z_1 = 62.8$$

$$D_2 = \frac{P}{\sin \dfrac{180°}{Z_2}} \to 80 = \frac{12}{\sin \dfrac{180°}{Z_2}} \to Z_2 = 20.9$$

鏈節數$L_P = \dfrac{Z_1 + Z_2}{2} + \dfrac{2C}{P} + \dfrac{(Z_2 - Z_1)^2}{4\pi^2 \times \dfrac{C}{P}}$

$$= \frac{20.9 + 62.8}{2} + \frac{2 \times 500}{12} + \frac{(62.8 - 20.9)^2}{4\pi^2 \times \dfrac{500}{12}}$$

$$= 126.25 \to 採用128節$$

鏈條長度$L = L_P \times P = 128 \times 12 = 1536$mm

第十章 齒輪設計

課前導讀

1.齒輪基礎觀念　　　　　2. 齒輪速度比
3.齒輪接觸比與干涉問題　4. 齒輪輪系值

本章各節皆為考點。由於齒輪的題型向來是各類機械設計考試出題者的最愛，因此歷年的考試都有它的存在。從齒輪基礎觀念到齒輪輪系值都是出線機率極高的重點。

★ 重要公式整理

齒冠圓直徑或稱外徑	$D_o = D_C + 2h_a$
齒根圓直徑或稱內徑	$D_i = D_C - 2h_a$
周節	$P_c = \dfrac{\pi D_C}{T} = \pi M$
徑節	$P_d = \dfrac{T}{D_C}$
模數	$M = \dfrac{D_C}{T} = \dfrac{1}{P_d}(in) = \dfrac{25.4}{P_d}(mm)$
基圓直徑	$D_b = D_C \times \cos\phi$
基節	$P_b = \dfrac{\pi D_b}{T} = P_b \times \cos\phi$
兩軸中心距離	$C = \dfrac{D_{c1} \pm D_{c2}}{2} = \dfrac{M(T_1 \pm T_2)}{2}$ ＋為兩齒輪外接觸時使用 －為兩齒輪內接觸時使用
速度比	速度比（Velocity Ratio）r_v $r_v = \dfrac{N_1}{N_2} = \dfrac{D_2}{D_1} = \dfrac{T_2}{T_1}$
接觸長度	$Z = \dfrac{\sqrt{D_{o1}{}^2 - D_{b1}{}^2}}{2} + \dfrac{\sqrt{D_{o2}{}^2 - D_{b2}{}^2}}{2} - C\sin\phi$

接觸比	接觸比$r_c = \dfrac{接觸長度Z}{基節P_b}$
干涉問題	$T_2^2 + 2T_1T_2 = \dfrac{4(T_1+1)}{\sin^2\phi}$ 求解出之T_2即為不發生干涉之最少小齒輪齒數
定軸輪系值	輪系值$e = \dfrac{末輪轉速N_o}{初輪轉速N_i}$ $= (\pm\dfrac{T_{主動輪}}{T_{從動輪}})_1 \times (\pm\dfrac{T_{主動輪}}{T_{從動輪}})_2 \times (\pm\dfrac{T_{主動輪}}{T_{從動輪}})_3 \times \cdots$
行星輪系值	輪系值$e = \dfrac{末輪轉速N_o - 搖臂轉速N_m}{初輪轉速N_i - 搖臂轉速N_m}$ $= (\pm\dfrac{T_{主動輪}}{T_{從動輪}})_1 \times (\pm\dfrac{T_{主動輪}}{T_{從動輪}})_2 \times (\pm\dfrac{T_{主動輪}}{T_{從動輪}})_3 \times \cdots$

焦點統整

10-1 基本原理

1. 正齒輪各部位名稱定義

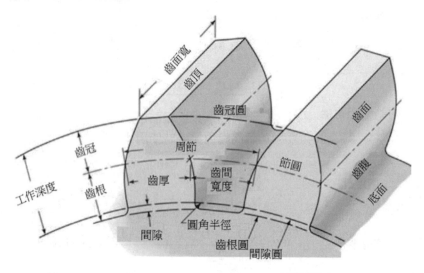

(1) 節圓：兩互相嚙合齒輪，其各自的軸心至節點所繪出的兩個相切圓

(2) 節點：兩互相嚙合齒輪，其節圓之相切點。

(3) 節徑：節圓的直徑，D_C。

(4) 齒冠圓：通過齒輪頂部的圓，為齒輪的最外圓，其直徑即為齒輪之外徑，D_o。

(5) 齒冠：齒頂圓半徑與節圓半徑之差，h_a。

　　標準齒：$h_a = M$

　　短齒：$h_a = 0.8M$

　　註：M為模數

(6) 齒根圓：通過齒輪根部的圓，其直徑即為齒輪之內徑，D_i。

(7) 齒根：節圓半徑與與齒根圓半徑之差，h_b。

　　標準齒：$h_b = 1.25M$

　　短齒：$h_b = 1.0M$

(8) 周節：某一齒上之固定點沿著節圓至相鄰齒上相同對應點之所經弧長，P_c。

(9) 模數：節徑與齒數之比值，即為每一齒之節徑長度，M

(10) 徑節：齒數與節徑之比值，即為每一齒之節徑長度，P_d。

(11) 作用線：兩互相嚙合齒輪，其兩齒之接觸點至節點之連線，又稱壓力線。

(12) 壓力角：為作用線與通過節點之節圓切線的兩線夾角，ϕ。其中節圓切線與兩軸心之連線呈垂直，並通過節點。

(13) 基圓：兩互相嚙合齒輪，各自從軸心分別作與作用線相切之圓，為一假想圓，基圓直徑為D_b。

(14) 基節：某一齒上之固定點沿著基圓至相鄰齒上相同對應點之所經弧長，P_b。

2. 相關公式

齒冠圓直徑或稱外徑	$D_o = D_C + 2h_a$
齒根圓直徑或稱內徑	$D_i = D_C - 2h_a$

周節	$P_c = \dfrac{\pi D_C}{T} = \pi M$
徑節	$P_d = \dfrac{T}{D_C}$
模數	$M = \dfrac{D_C}{T} = \dfrac{1}{P_d}(in) = \dfrac{25.4}{P_d}(mm)$
基圓直徑	$D_b = D_C \times \cos\phi$
基節	$P_b = \dfrac{\pi D_b}{T} = P_b \times \cos\phi$
兩軸中心距離	$C = \dfrac{D_{c1} \pm D_{c2}}{2} = \dfrac{M(T_1 \pm T_2)}{2}$ ＋為兩齒輪外接觸時使用 －為兩齒輪內接觸時使用

牛刀小試

某對互相嚙合的的外切正齒輪，主動輪為20齒，模數為4，兩軸中心距離為120mm，則從動輪之齒數與其節圓直徑各為若干？

解：$C = \dfrac{M(T_1+T_2)}{2} \rightarrow 120 = \dfrac{4(20+T_2)}{2} \rightarrow T_2 = 40$齒

$M = \dfrac{D_C}{T} \rightarrow D_C = TM = 40 \times 4 = 160mm$

10-2　正齒輪速度比

速度比（Velocity Ratio）r_v

$r_v = \dfrac{主動輪轉速}{從動輪轉速} = \dfrac{N_1}{N_2} = \dfrac{D_2}{D_1} = \dfrac{T_2}{T_1}$

牛刀小試

兩軸心距離為160mm之外切正齒輪組，一軸為40齒之主動輪，另一軸轉速為
160RPM的從動輪，齒輪模數為4，試求此組齒輪之速度比與從動輪之轉速。

解： $C = \dfrac{M(T_1+T_2)}{2} \rightarrow 120 = \dfrac{4(40+T_2)}{2} \rightarrow T_2 = 40$齒

$\quad$ 速度比$r_v = \dfrac{\text{主動輪轉速}}{\text{從動輪轉速}} = \dfrac{N_1}{N_2} = \dfrac{T_2}{T_1} = \dfrac{40}{40} = 1$

$\quad$ 從動輪轉速$=160$rpm

10-3 接觸比與干涉問題

1. 接觸比

接觸比$r_c = \dfrac{\text{接觸長度Z}}{\text{基節P}_b}$

接觸長度Z：為嚙合齒輪的兩齒從接觸開始到分開之作用線長度。

$$Z = \frac{\sqrt{D_{o1}{}^2 - D_{b1}{}^2}}{2} + \frac{\sqrt{D_{o2}{}^2 - D_{b2}{}^2}}{2} - C\sin\phi$$

2. 干涉問題判斷

$$T_2{}^2 + 2T_1 T_2 = \frac{4(T_1+1)}{\sin^2\phi}$$

(1) 假設最小齒輪齒數T_2為未知數，先將T_1及ϕ代入。

(2) 求解出之T_2即為不發生干涉之最少小齒輪齒數。

(3) 再將T_2與題目給予的小齒輪齒數進行比較。

牛刀小試

某一用標準正齒輪設計的減速器，其減速比為3，正齒輪之壓力角為20°，模數為6，齒冠為6mm，小齒輪齒數為32，試求：

(1) 接觸率r_c

(2) 此齒輪組是否會發生干涉

解：(1) 下標1為大齒輪，下標2為小齒輪

$$\frac{3}{1}=\frac{T_1}{32}\rightarrow T_1=96齒$$

節圓直徑　　$D_{c1}=T_1M=96\times 6=576$

$$D_{c2}=T_2M=32\times 6=192$$

中心距　　$C=\dfrac{D_{c1}+D_{c2}}{2}=\dfrac{576+192}{2}=384$

基圓直徑　　$D_{b1}=D_{c1}\times\cos\phi=576\times\cos 20°=547.81$

$$D_{b2}=D_{c2}\times\cos\phi=192\times\cos 20°=182.60$$

齒冠圓直徑 $D_{o1}=D_{c1}\times 2a=576+2\times 6=588$

$$D_{o2}=D_{c2}\times 2a=192+2\times 6=204$$

接觸長度　$Z=\dfrac{\sqrt{D_{o1}{}^2-D_{b1}{}^2}}{2}+\dfrac{\sqrt{D_{o2}{}^2-D_{b2}{}^2}}{2}-C\sin\phi$

$$=\dfrac{\sqrt{588^2-547.81^2}}{2}+\dfrac{\sqrt{204^2-182.60^2}}{2}-384\times\sin 20°$$

$$=33.65$$

基節　　$P_b=P_c\cos\phi=\pi m\cos\phi=\pi\times 6\times\cos 20°=17.93$

接觸比　　$r_c=\dfrac{Z}{P_b}=\dfrac{33.65}{17.93}=1.88$

(2) $T_2{}^2+2T_1T_2=\dfrac{4(T_1+1)}{\sin^2\phi}\rightarrow T_2{}^2+2\times 96\times T_2=\dfrac{4(96+1)}{\sin^2 20°}$

得$T_2=19.23\rightarrow$小齒輪齒數至少要有20齒才不會發生干涉，

由於題目中小齒輪齒數有32齒，因此不會發生干涉。

10-4 齒輪輪系值

1.定軸輪系

$$輪系值e=\frac{末輪轉速N_o}{初輪轉速N_i}=(\pm\frac{T_{主動輪}}{T_{從動輪}})_1\times(\pm\frac{T_{主動輪}}{T_{從動輪}})_2\times(\pm\frac{T_{主動輪}}{T_{從動輪}})_3\times\cdots$$

其中，N_i、N_o：順時針旋轉為正值，逆時針旋轉為負值。

$(\pm\frac{T_{主動輪}}{T_{從動輪}})$：轉向相反為－，如外嚙合齒輪。

　　　　　　轉向相同為＋，如內嚙合齒輪。

2.行星輪系

$$輪系值e=\frac{末輪轉速N_o-搖臂轉速N_m}{初輪轉速N_i-搖臂轉速N_m}=(\pm\frac{T_{主動輪}}{T_{從動輪}})_1\times(\pm\frac{T_{主動輪}}{T_{從動輪}})_2\times(\pm\frac{T_{主動輪}}{T_{從動輪}})_3\times\cdots$$

其中，N_o、N_m：順時針旋轉為正值，逆時針旋轉為負值。

$(\pm\frac{T_{主動輪}}{T_{從動輪}})$：轉向相反為－，如外嚙合齒輪。

　　　　　　轉向相同為＋，如內嚙合齒輪。

牛刀小試

圖所示之行星齒輪系中太陽齒輪、行星齒輪及環齒輪的齒數分別為20、30及80，若環齒輪為固定不動，太陽齒輪以100rpm的轉速順時針方向轉動，試計算行星臂之轉速及轉動方向。

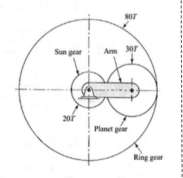

解：$\frac{末輪轉速N_o-搖臂轉速N_m}{初輪轉速N_i-搖臂轉速N_m}=(\pm\frac{T_{主動輪}}{T_{從動輪}})_1\times(\pm\frac{T_{主動輪}}{T_{從動輪}})_2\times(\pm\frac{T_{主動輪}}{T_{從動輪}})_3\times\cdots$

$\frac{0-N_m}{100-N_m}=(-\frac{20}{30})\times(-\frac{30}{80})\rightarrow$搖臂轉速$N_m=+20rpm=20rpm$(順時針)

精選試題演練

1 有一對壓力角為20°的全齒深漸開線正齒輪，齒冠a＝m，速比（r_v）為1/4，模數m為6，小齒輪齒數（T_2）為18，試求這對齒輪的接觸比r_c（Contact ratio）。（102年地特三等）

解： 下標1為大齒輪，下標2為小齒輪

$$\frac{1}{4}=\frac{18}{T_1} \rightarrow T_1=72齒$$

節圓直徑　　$D_{c1}=T_1M=72\times6=432$

$D_{c2}=T_2M=18\times6=108$

中心距　　$C=\dfrac{D_{c1}+D_{c2}}{2}=\dfrac{432+108}{2}=270$

基圓直徑　　$D_{b1}=D_{c1}\times\cos\phi=432\times\cos20°=410.86$

$D_{b2}=D_{c2}\times\cos\phi=108\times\cos20°=102.71$

齒冠圓直徑 $D_{o1}=D_{c1}\times2a=432+2\times6=444$

$D_{o2}=D_{c2}\times2a=108+2\times6=120$

接觸長度　　$Z=\dfrac{\sqrt{D_{o1}^{~2}-D_{b1}^{~2}}}{2}+\dfrac{\sqrt{D_{o2}^{~2}-D_{b2}^{~2}}}{2}-C\sin\phi$

$$=\frac{\sqrt{444^2-410.86^2}}{2}+\frac{\sqrt{120^2-102.71^2}}{2}-270\times\sin20°=31.76$$

基節　　　　$P_b=P_c\cos\phi=\pi m\cos\phi=\pi\times6\times\cos20°=17.93$

接觸比　　　$r_c=\dfrac{Z}{P_b}=\dfrac{31.76}{17.93}=1.77$

2 如圖所示之行星齒輪系，其中太陽齒輪2為輸入件，其轉速為350 rpm，方向如圖所示，太陽齒輪5為輸出件，環齒輪1被固定成機架。已知齒輪1、2、3、4與5的模數皆為4mm，齒輪2的齒數為24，複合齒輪3與4的齒數分別為36與20，試求環齒輪1與太陽齒輪5的齒數以及齒輪5的轉速與方向。

（102年地特三等）

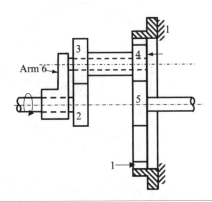

解：(一) 由題目圖中可看出，齒輪23的中心距離與齒輪45的中心距離相等，

即 $C_{23} = \dfrac{D_2 + D_3}{2} = C_{45} = \dfrac{D_4 + D_5}{2}$

又模數皆相同，因此齒數 $T_2 + T_3 = T_4 + T_5 \to 24 + 36 = 20 + T_5$

$T_5 = 40$齒

(二) 由題目圖中可看出，環齒輪1之節圓直徑

$D_{c1} = D_{c5} + 2D_{c4} = M(T_5 + 2 \times T_4) = 4 \times (40 + 2 \times 20) = 320$mm

∴環齒輪1之齒數 $T_1 = \dfrac{D_{c1}}{M} = \dfrac{320}{4} = 80$齒

(三) $\dfrac{N_1 - N_6}{N_2 - N_6} = (-\dfrac{T_2}{T_3}) \times (\dfrac{T_4}{T_1}) \to \dfrac{0 - N_6}{350 - N_6} = (-\dfrac{24}{36}) \times (\dfrac{20}{80})$ ，

得搖臂轉速 $N_6 = 50$rpm

$\dfrac{N_5 - N_6}{N_2 - N_6} = (-\dfrac{T_2}{T_3}) \times (-\dfrac{T_4}{T_5}) \to \dfrac{N_5 - 50}{350 - 50} = (-\dfrac{24}{36}) \times (-\dfrac{20}{40})$ ，

得齒輪5轉速 $N_5 = 90$rpm

3 如圖所示之行星齒輪系，齒輪2與齒輪3為行星複合齒輪，它們的齒數分別為30齒與20齒；太陽齒輪1的齒數為20齒，轉速為565rpm逆時針方向轉動；環齒輪4的齒數為70齒，轉速為60rpm順時針方向轉動。試求行星臂5及齒輪3之轉速。（102年地特四等）

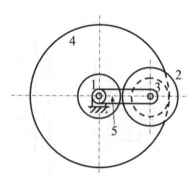

解：(一) $\dfrac{N_4-N_5}{N_1-N_5}=(-\dfrac{T_1}{T_2})\times(\dfrac{T_3}{T_4}) \rightarrow \dfrac{60-N_5}{-565-N_5}=(-\dfrac{20}{30})\times(\dfrac{20}{70})$

   $N_5=-40rpm=40rpm$(逆時針)

(二) $\dfrac{N_2-N_5}{N_1-N_5}=(-\dfrac{T_1}{T_2}) \rightarrow \dfrac{N_2-(-40)}{-565-(-40)}=(-\dfrac{20}{30})$

   $N_2=310rpm$(順時針)

   ∵齒輪2與齒輪3同軸　∴$N_3=N_2=310rpm$(順時針)

4 (一)某正齒輪（spur gear）有35齒，模數（module）為1.5mm，以500rev/min運轉，試問周節（circular pitch）及節圓速度（pitch-line velocity）為若干？

(二)兩正齒輪之速度比（velocity ratio）為0.25，主動齒輪以2000rpm運轉，試問被動齒輪轉速為多少rpm？（102年普考）

解：(一) 周節$P_C=\pi M=\pi\times1.5=4.71mm$

   $M=\dfrac{D_C}{T} \rightarrow D_C=MT=1.5\times35=52.5$

節圓速度$V = R_c \times \omega = \dfrac{52.5}{2} \times \dfrac{500 \times 2\pi}{60} = 1374.45 \text{mm/s}$

(二) 速度比$= \dfrac{2000}{N} = 0.25$被動齒輪轉速$N = 8000 \text{rpm}$

5 要設計一對漸開線標準外齒輪嚙合時，此對齒輪減速比為1.67、模數（Module）為2mm、壓力角為20度、螺旋角為0度、小齒輪為21齒，而大、小齒輪之轉位係數皆為0，依據前述所給齒輪轉速比之參數，分別求出兩輪之：
(一) 中心距。
(二) 節圓（Pitch circle）直徑。
(三) 基圓（Base circle）直徑。
(四) 全齒高。
(五) 齒底圓（Root circle）直徑。（103年地特四等）

解：(一) 下標1為大齒輪，下標2為小齒輪

$1.67 = \dfrac{T_1}{21} \rightarrow T_1 = 35$齒

$D_{c1} = T_1 M = 35 \times 2 = 70 \text{mm}$

$D_{c2} = T_2 M = 21 \times 2 = 42 \text{mm}$

$C = \dfrac{D_{c1} + D_{c2}}{2} = \dfrac{70 + 42}{2} = 56 \text{mm}$

(二) 大齒輪節圓直徑$= D_{c1} = 70 \text{mm}$

小齒輪節圓直徑$= D_{c2} = 42 \text{mm}$

(三) 大齒輪基圓直徑$= D_{b1} = D_{c1} \times \cos\phi = 70 \times \cos 20° = 66.57 \text{mm}$

小齒輪基圓直徑$= D_{b2} = D_{c2} \times \cos\phi = 42 \times \cos 20° = 39.94 \text{mm}$

(四) 全齒深=齒冠+齒根$= 1 \times M + 1.25 \times M = 2.25 \times M = 2.25 \times 2 = 4.5 \text{mm}$

(五) 大齒輪底圓直徑$= D_{c1} - 2 \times 1.25 \times M = 70 - 2 \times 1.25 \times 2 = 65 \text{mm}$

小齒輪底圓直徑$= D_{c2} - 2 \times 1.25 \times M = 42 - 2 \times 1.25 \times 2 = 37 \text{mm}$

6 下圖所示為一齒輪減速裝置，其輸入軸「A」與輸出軸「C」同在一直線上，輸入軸被一馬達驅動，當該馬達的輸出功率為1kW、轉速為1725rpm、順時針方向運轉。請計算：

(一) 輸出軸的轉速與方向

(二) 輸出軸的輸出扭力。（103年鐵路高員三級）

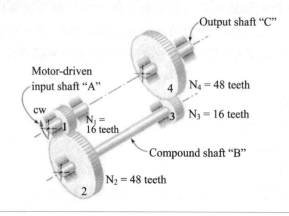

解：(一) $\dfrac{1725}{N}=\dfrac{48}{16}\rightarrow$ 輸出軸轉速N＝575rpm，順時針方向

(二) $T=\dfrac{\dot{W}}{\omega}=\dfrac{1000}{\dfrac{575\times2\pi}{60}}=16.67\text{N-m}$

7 由模數m＝3mm及壓力角ϕ＝20°的兩個正齒輪（spur gear）組成的齒輪組，兩齒輪的中心距離c＝300mm，且大齒輪與小齒輪的速度比為1/3。試求：

(一) 大齒輪與小齒輪的齒數。

(二) 大齒輪與小齒輪的基圓半徑。（104年地特四等）

解：(一) 下標1為大齒輪，下標2為小齒輪

$$\frac{1}{3}=\frac{D_{c2}}{D_{c1}}\cdots(1) \qquad\qquad \frac{D_{c1}+D_{c2}}{2}\cdots(2)$$

解(1)、(2)可得

$$D_{c1}=450mm \rightarrow 大齒輪齒數 T_1 = \frac{D_{c1}}{M} = \frac{450}{3} = 150齒$$

$$D_{c2}=150mm \rightarrow 小齒輪齒數 T_2 = \frac{D_{c2}}{M} = \frac{150}{3} = 50齒$$

(二) 大齒輪基圓直徑 $= \frac{D_{b1}}{2} = \frac{D_{c1} \times \cos\phi}{2} = \frac{450 \times \cos 20°}{2} = 213.99mm$

小齒輪基圓直徑 $= \frac{D_{b2}}{2} = \frac{D_{c2} \times \cos\phi}{2} = \frac{150 \times \cos 20°}{2} = 71.33mm$

---

8 如圖所示為一個具有四個平行軸的齒輪減速機，以齒輪2為輸入齒輪，齒數為28；齒輪7為輸出齒輪，齒數為48，轉速為300rpm（逆時針方向）；齒輪3與4為複式齒輪，齒數分別為56與24；齒輪5與6為複式齒輪，齒數分別為56與24，且所有齒輪的徑節皆為8，試求齒輪2的轉速及輸入軸A與輸出軸D之間的距離。（104年鐵路員級）

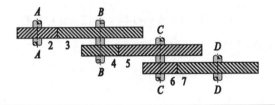

解：(一) 複數輪系輪系值

$$(-\frac{T_2}{T_3}) \times (-\frac{T_4}{T_5}) \times (-\frac{T_6}{T_7}) = \frac{N_7}{N_2}$$

$$(-\frac{28}{56}) \times (-\frac{24}{56_5}) \times (-\frac{24}{28_7}) = \frac{300}{N_2}$$

$$N_2 = -2800rpm = 2800rpm(順時針)$$

(二) $M = \frac{25.4}{P_d} = \frac{25.4}{8} = 3.175mm$

$$\overline{AD} = \frac{M}{2}(T_2+T_3) + \frac{M}{2}(T_4+T_5) + \frac{M}{2}(T_6+T_7)$$

$$= \frac{3.175}{2}(28+56+24+56+24+48) = 374.65mm$$

9 以一對相嚙合的全深正齒輪設計一個減速比為4的減速器，正齒輪的壓力角為20°，模數m為6，齒冠a為6mm，小齒輪的齒數為24。

(一) 試求這對正齒輪的接觸率r_c。

(二) 試以計算方式檢查這兩齒輪是否會發生干涉。

（104年鐵路高員三級）

解： (一) 下標1為大齒輪，下標2為小齒輪

$$\frac{4}{1} = \frac{T_1}{24} \to T_1 = 96齒$$

節圓直徑　$D_{c1} = T_1 M = 96 \times 6 = 576$

$D_{c2} = T_2 M = 24 \times 6 = 144$

中心距　$C = \dfrac{D_{c1} + D_{c2}}{2} = \dfrac{576 + 144}{2} = 360$

基圓直徑　$D_{b1} = D_{c1} \times \cos\phi = 576 \times \cos 20° = 547.81$

$D_{b2} = D_{c2} \times \cos\phi = 144 \times \cos 20° = 136.95$

齒冠圓直徑　$D_{o1} = D_{c1} \times 2a = 576 + 2 \times 6 = 588$

$D_{o2} = D_{c2} \times 2a = 144 + 2 \times 6 = 156$

接觸長度　$Z = \dfrac{\sqrt{D_{o1}{}^2 - D_{b1}{}^2}}{2} + \dfrac{\sqrt{D_{o2}{}^2 - D_{b2}{}^2}}{2} - C\sin\phi$

$$= \frac{\sqrt{588^2 - 547.81^2}}{2} + \frac{\sqrt{156^2 - 136.95^2}}{2} - 360 \times \sin 20° = 32.96$$

基節　$P_b = P_c \cos\phi = \pi m \cos\phi = \pi \times 6 \times \cos 20° = 17.93$

接觸比　$r_c = \dfrac{Z}{P_b} = \dfrac{32.96}{17.93} = 1.84$

(二) $T_2{}^2 + 2T_1 T_2 = \dfrac{4(T_1 + 1)}{\sin^2\phi} \to T_2{}^2 + 2 \times 96 \times T_2 = \dfrac{4(96 + 1)}{\sin^2 20°}$

得$T_2 = 19.23 \to$小齒輪齒數至少要有20齒才不會發生干涉，

由於題目中小齒輪齒數有32齒，因此不會發生干涉。

10 下圖為齒輪傳動系示意圖齒輪2、3、4齒數各為17、34和 51，若齒輪模數為5，由a軸以1000rev/min逆時針方向輸 入75kW，齒輪3為惰齒輪，請回答下列問題：

(一) 試求齒輪4旋轉rev/min及方向。

(二) 請繪圖說明齒輪3對b軸之作用力F_{3b}圖示並求作用力 $F_{3b} = ?$

(三) 請繪圖說明齒輪4對c軸之作用力F_{4c}圖示並求作用力 $F_{4c} = ?$

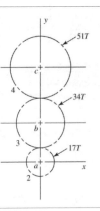

解：(一) $\dfrac{N_2}{N_4} = \dfrac{T_4}{T_2} \rightarrow \dfrac{1000}{N_4} = \dfrac{51}{17} \rightarrow N_4 = \dfrac{1000}{3}$ RPM，逆時針旋轉

(二) $D_{c2} = T_2 M = 17 \times 5 = 85mm = 0.085m$

$$\omega_2 = \frac{1000 \times 2\pi}{60} = 104.72 rad/s$$

$$V_2 = r_2 \omega_2 = \frac{0.085}{2} \times 104.72 = 4.45 m/s$$

切線力$F = \dfrac{\dot{W}}{V} = \dfrac{75000}{4.45} = 16853.93N$

$F_{3b} = 16853.93 \times 2 = 33707.86N$（←）

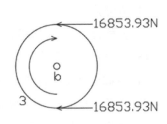

(三)

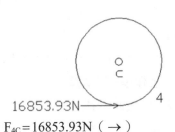

$F_{4C} = 16853.93N$（→）

第十一章　公差與配合

課前導讀　1.公差　　　　　　　　　　2. 配合
雖然出題型式皆以配合方式考出，但公差之各項名詞定義為配合之基礎，因此除了配合中的軸孔尺寸計算之外，公差基礎也請詳加研讀。

焦點統整

11-1　公差

1.名詞與定義

(1) 實際尺寸：即工件於製造加工後，經由測量而得之數值。

(2) 公稱尺寸：工作圖面上尺寸之數字標示，用以表示角度或長度之數值。

(3) 極限尺寸：此為工件尺寸大小之界限。

(4) 基本尺寸：工件之理想尺寸，為加工製作前所希望之實際尺寸。

(5) 偏差：極限尺寸或實際尺寸與基本尺寸之差。

(6) 上偏差：最大極限尺寸與基本尺寸的差。

(7) 下偏差：最小極限尺寸與基本尺寸的差。

(8) 實際偏差：實際尺寸與基本尺寸間的差。

(9) 公差：為最大極限尺寸與最小極限尺寸之差，即工件尺寸所允許之差異。

公差＝最大極限尺寸－最小極限尺寸＝上偏差－下偏差

(10) 單向公差：為基本尺度於同側加或減一變量而得到之公差。

(11) 雙向公差：為基本尺度於兩側同時加減一變量而得到之公差。尺寸差異。即孔最小尺寸與軸最大尺寸之差。裕度可為正值可為負值。

2.公差標準制度

(1) 我國標準公差係用國際標準公差，國際標準公差是按精度高低分級，亦即同一公稱尺度上按公差大小分級，稱為公差等級。

(2)公差等級共分為IT01、IT0、IT1、IT2、…IT18等二十級。

(3)級數越小者,其公差帶越小,因此精度越高;相反地,級數越大者,公差帶越大,精度越低。

3.**公差等級之選擇:**

(1)IT01~IT4:高精密公差,用以製造量規與塊規。

(2)IT5~IT10:機件配合用公差。

(3)IT11~IT18:非配合用公差。

牛刀小試

某一軸之尺寸標註為$40^{0}_{-0.02}$mm,試問:(1)上偏差;(2)下偏差;(3)公差。

解: (1) 上偏差=0mm

(2) 下偏差=-0.02mm

(3) 公差=0-(-0.02)=0.02mm

11-2 配合

1.**名詞與定義**

(1)基孔制(H):由軸的公差位置來決定配合的狀況,並指定孔的下偏差為零。

(2)基軸制(h):由孔的公差位置來決定配合的狀況,並指定軸的上偏差為零。

(3)餘隙配合:孔與軸配合時之實際尺度差異為「正值」時,意即孔大於軸時。

基孔制:H/a~g

基軸制:A~G/h

(4) 干涉配合：孔與軸配合時之實際尺度差異為「負值」時，意即孔小於軸時。

　　基孔制：H/p~zc

　　基軸制：P~ZC/h

(5) 過渡配合：介於干涉配合與餘隙配合二者間的配合。

　　基孔制：H/h~n

　　基軸制：H~N/h

(6) 裕度：孔與軸進行配合時，在最多材料情況下之尺寸差異。即孔最小尺寸與軸最大尺寸之差。裕度可為正值可為負值。

牛刀小試

某一軸孔配合，軸徑為 $\phi 50^{+0.106}_{+0.087}$ mm，孔徑為 $\phi 50^{+0.030}_{0}$ mm，則最大與最小干涉量各為若干？

解：最大干涉量＝孔下偏差－軸上偏差＝ $0-0.106=-0.106$ mm

　　　最小干涉量＝孔上偏差－軸下偏差＝ $0.030-0.087=-0.057$ mm

精選試題演練

1　(一) 請問配合 50H7/g6 是屬於何種配合？它是基軸制還是基孔制？以及 50 所代表的意義。

　　(二) 經查表得知孔的公差帶 $\Delta D=0.025$ mm，軸的公差帶 $\Delta d=0.016$ mm，基本偏差量為 $\delta_F=-0.009$ mm，試求軸與孔的最大與最小尺寸。

　　（102年地特四等）

解：(一) 1. H/g屬於餘隙配合

　　　2. H/...屬於基孔制

　　　3. 50代表基本尺寸為50mm

(二) 由題意可知孔尺寸為$50^{+0.025}_{0}$mm，軸尺寸為$50^{-0.009}_{-0.025}$mm

　　因此孔最大尺寸＝50＋0.025＝50.025mm

　　　孔最小尺寸＝50－0＝50mm

　　　軸最大尺寸＝50－0.009＝49.991mm

　　　軸最小尺寸＝50－0.025＝49.975mm

---

2 (一) 機械元件的製圖必須以適當的線條表示視圖，試說明圖一中，線條A，B及C的名稱，並分別說明其用途。

(二) 圖二表示某機械元件之前視平面圖，該元件之厚度與圓孔直徑相同，請徒手繪製右側視圖及上視圖。

(三) 1. 何謂機件配合的基孔制度？

　　 2. 有一標稱尺寸為50mm的孔，公差為0.046mm，以基孔制寫出該孔於機械製圖上的標註。（102年普考）

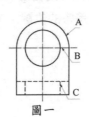
圖一

圖二

解：(一) A：可見輪廓線：用以表示可見性之物件輪廓。

　　　B：中心線：用以表示孔與軸之中心位置。

　　　C：隱藏輪廓線：用以表示位於內部之不可見之線條。

(二)

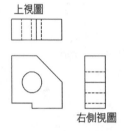

(三) 1. 基孔制（H）：由軸的公差位置來決定配合的狀況，並指定孔的下
　　　偏差為零。

　　2. $50^{+0.046}_{0}$

---

3 公稱直徑ϕ50mm，孔與軸配合時，最小干涉為0.02mm，最大干涉為
0.05mm，孔公差為0.02mm，軸公差為0.01mm。請用：

(一) 基軸制計算孔的尺寸。

(二) 基孔制計算軸的尺寸。

當孔（H）與軸（h）為干涉配合時，分別寫出：

(三) 若為孔公差（H）時，軸字母公差帶的位置。

(四) 若為軸公差（h）時，孔字母公差帶的位置。　（103年地特四等）

解：由題意可知：

孔上偏差－軸下偏差＝－0.02

孔下偏差－軸上偏差＝－0.05

孔上偏差－孔下偏差＝0.02

軸上偏差－軸下偏差＝0.01

(一) 基軸制：軸上偏差為0→軸下偏差＝軸上偏差－0.01＝0－0.01＝－0.01

　　　　　　孔上偏差＝軸下偏差－0.02＝－0.01－0.02＝－0.03

　　　　　　孔下偏差＝軸上偏差－0.05＝0－0.05＝－0.05

　　∴軸尺寸：$50^{0}_{-0.01}$mm，孔尺寸$50^{-0.03}_{-0.05}$mm

(二) 基孔制：孔下偏差為0→孔上偏差＝孔下偏差＋0.02＝0＋0.02＝0.02

　　　　　軸上偏差＝孔下偏差＋0.05＝0＋0.05＝0.05

　　　　　軸下偏差＝孔上偏差＋0.02＝0.02＋0.02＝0.04

　　∴軸尺寸：$50^{+0.05}_{+0.04}$mm，孔尺寸$50^{+0.02}_{0}$mm

(三) 干涉配合：H/p~zc

(四) 干涉配合：P~ZC/h

4 一液動潤滑之滑動軸承（Journal Bearing）其公稱尺寸（Nominal Size）為25mm，其轉軸與外環軸承座係採緊密滑動配合（Close Running Fit）設計，亦即25H8/f7配合，由規範知此公稱尺寸對應之IT7級與IT8級公差，分別為$\Delta d=0.021$mm與$\Delta D=0.033$mm。其配合之基本差異量（Fundamental Deviation）為$\delta_F=-0.02$mm，試問：

(一) 此處之配合係屬基孔制（Hole Basis）或基軸制（Shaft Basis）？

(二) 該軸承座之最大（D_{max}）與最小（D_{min}）內徑值各為若干？

(三) 該轉軸之最大（d_{max}）與最小（d_{min}）外徑值各為若干？

（103年身障三等）

解：(一) 屬於基孔制＋餘隙配合

　　(二) 由題意可知孔尺寸為$25^{+0.033}_{0}$mm

　　　　因此孔最大尺寸$D_{max}=25+0.033=25.033$mm

　　　　孔最小尺寸$D_{min}=25+0=25$mm

　　(三) 由題意可知軸尺寸為$25^{-0.020}_{-0.041}$mm

　　　　因此孔最大尺寸$d_{max}=25-0.020=24.980$mm

　　　　孔最小尺寸$d_{min}=25-0.041=24.959$mm

5 下圖中，

(一) 試寫出空格1、2、3、4、5及6配合種類名稱。

(二) 一公稱直徑ϕ50mm，最小干涉為0.02mm，最大干涉為0.06mm，孔公差為0.03mm，軸公差為0.01mm，請用基孔制及基軸制分別設計孔及軸的尺寸（unit：mm）。

(三) 試分別說明公差等級中01、0～4級、5～10級及11～16級用於何種零件之精度或配合件。（103年普考）

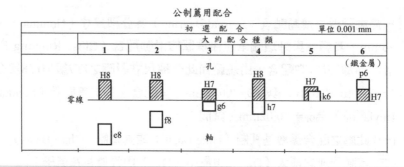

解：(一) 1~3：餘隙配合

4~5：過渡配合

6：干涉配合

(二) 由題意可知：

孔上偏差−軸下偏差＝−0.02

孔下偏差−軸上偏差＝−0.06

孔上偏差−孔下偏差＝0.03

軸上偏差−軸下偏差＝0.01

1. 基孔制：孔下偏差為0→孔上偏差=孔下偏差+0.03=0+0.03=0.03

軸上偏差=孔下偏差+0.06=0+0.06=0.06

軸下偏差=孔上偏差−0.01=0.06−0.01=0.05

∴軸尺寸：$50^{+0.06}_{+0.05}$mm，孔尺寸$50^{+0.03}_{0}$mm

2. 基軸制：軸上偏差為0

→軸下偏差=軸上偏差−0.01=0−0.01=−0.01

$$\text{孔上偏差}=\text{軸下偏差}-0.02=-0.01-0.02=-0.03$$

$$\text{孔下偏差}=\text{軸上偏差}-0.03=-0.03-0.03=-0.06$$

$$\therefore \text{軸尺寸：}50^{0}_{-0.01}\text{mm，孔尺寸}50^{-0.03}_{-0.06}\text{mm}$$

(三) IT01~IT4：高精密公差，用以製造量規與塊規。

　　IT5~IT10：機件配合用公差。

　　IT11~IT16：非配合用公差。

---

6 下圖所示為一軸承殼的機械工程圖，請依圖說明各幾何公差標示的意義為何？（103年鐵路員級）

斷面 X-X

解：(一) $\boxed{\;\nearrow\;|\;0.02\;|\;A\;}$

　　以A為基準面之偏轉度公差為0.02mm

(二) $\boxed{\;\oplus\;|\;\phi 0.1\,\text{M}\;|\;A\text{M}\;}$

　　以A為基準面之位置度公差為直徑0.1mm圓的範圍內

　　M：最大實體狀況

(三) $\boxed{\;\odot\;|\;\phi 0.03\,\text{M}\;|\;A\text{M}\;}$

　　以A為基準面之同心度公差為直徑0.03mm圓的範圍內

　　M：最大實體狀況

7 何謂第一角法與第三角法？並請繪圖表示各角法之名稱由來及此兩角法之三視圖。（104年普考）

解：(一) 第一角法：把物體置於第一象限內作投影，同時不論從任何方向作正投影，投影面皆置於物體的後面。

第三角法：把物體置於第三象限內作投影，同時不論從任何方向作正投影，投影面皆置於物體的前面。

(二)

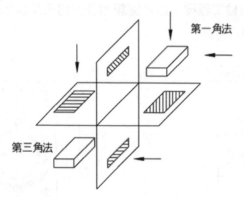

8 (一) 請說明34 H7h6所代表之意義為何？
(二) 並計算出軸及孔之最大及最小尺寸。
IT7之公差數值為0.025 mm，IT6為0.016 mm。（104年普考）

解：(一) 基本尺寸34mm之軸孔過渡配合。孔公差等級為IT7，軸公差等級為IT6。

(二) 由題意可知孔尺寸為$34^{+0.025}_{0}$mm，軸尺寸為$34^{0}_{-0.016}$mm

因此孔最大尺寸＝34＋0.025＝34.025mm

孔最小尺寸＝34－0＝34mm

軸最大尺寸＝34－0＝34mm

軸最小尺寸＝34－0.016＝33.984mm

9 試利用表一與表二所列之資料求出：孔／軸配合70H7/s6之孔的公差帶、軸的公差帶，基本偏差量，軸的最大與最小尺寸及孔的最大與最小尺寸。（104年鐵路員級）

表一　基本尺寸與公差等級之公差帶

基本尺寸	公差等級					
	IT6	IT7	IT8	IT9	IT10	IT11
10–18	0.011	0.018	0.027	0.043	0.070	0.110
18–30	0.013	0.021	0.033	0.052	0.084	0.130
30–50	0.016	0.025	0.039	0.062	0.100	0.160
50–80	0.019	0.030	0.046	0.074	0.120	0.190
80–120	0.022	0.035	0.054	0.087	0.140	0.220

表二　各基本尺寸之軸的基本偏差量

基本尺寸	上偏差（Upper-Deviation Letter）					下偏差（Lower-Deviation Letter）				
	c	d	f	g	h	k	n	p	s	u
24–30	−0.110	−0.065	−0.020	−0.007	0	+0.002	+0.015	+0.022	+0.035	+0.048
30–40	−0.120	−0.080	−0.025	−0.009	0	+0.002	+0.017	+0.026	+0.043	+0.060
40–50	−0.130	−0.080	−0.025	−0.009	0	+0.002	+0.017	+0.026	+0.043	+0.070
50–65	−0.140	−0.100	−0.030	−0.010	0	+0.002	+0.020	+0.032	+0.053	+0.087
65–80	−0.150	−0.100	−0.030	−0.010	0	+0.002	+0.020	+0.032	+0.059	+0.102
80–100	−0.170	−0.120	−0.036	−0.012	0	+0.003	+0.023	+0.037	+0.071	+0.124

解：由題意可知孔尺寸為$70^{+0.030}_{0}$mm，軸尺寸為$70^{+0.078}_{+0.059}$mm

　　因此孔最大尺寸＝70＋0.030＝70.030mm

　　　孔最小尺寸＝70－0＝70mm

　　　軸最大尺寸＝70＋0.078＝70.078mm

　　　軸最小尺寸＝70＋0.059＝70.059mm

一 有一S18C之鋼製零件，其所受之平面應力（plane stress）分量$\sigma_x =$ -80MPa，$\sigma_y = 30$MPa，$\tau_{xy} = -10$MPa，而材料之降伏強度$S_y = 295$MPa。請回答下列問題：

(一) 試求此應力狀態下之主應力（principal stresses）。

(二) 試求此零件根據畸變能理論（distortion-energy theory）之設計安全係數。

(三) 若此零件之應力狀態為線性增加，試繪出於應力座標下此零件之畸變能理論失效邊界（failure locus）及應力加載路徑（load path line），並於圖中標示失效點。

解：(一) 主應力$_{1,2} = (\frac{\sigma_x + \sigma_y}{2}) \pm \sqrt{(\frac{\sigma_x - \sigma_y}{2})^2 + \tau_{xy}^2}$

$$= (\frac{-80 + 30}{2}) \pm \sqrt{(\frac{-80 - 30}{2})^2 + (-10)^2}$$

$$= -25 \pm 55.9$$

$$= 30.9\text{MPa或} -80.9\text{MPa}$$

(二) 等效應力$S_{ET} = \sqrt{(\sigma_1)^2 + (\sigma_2)^2 - \sigma_1\sigma_2}$

$$= \sqrt{30.9^2 + (-80.9)^2 - 30.9 \times (-80.9)}$$

$$= 100\text{MPa}$$

而安全係數$n = \frac{S_{YT}}{S_{ET}} = \frac{295}{100} = 2.95$

(三)

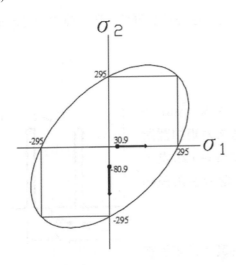

二 如圖所示之摩擦接觸軸向離合器，其離合
器之來令片接觸面為一內半徑r_i＝98mm、
外半徑r_o＝140mm之環狀面積，接觸面之摩
擦係數為0.37，並假設接觸面是在均勻壓
力（uniform pressure）之情形下，且此離
合器所需傳動之扭矩為1470N-m。試求：

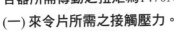
來令片

(一) 來令片所需之接觸壓力。

(二) 作動離合器所需之來令片上正向力。

(三) 若此來令片產生磨耗變薄後，則會對此離合器之性能有何影響？
　　請說明原理。

解：(一) $R_e = \dfrac{2}{3} \times \dfrac{R_o^3 - R_i^3}{R_o^2 - R_i^2} = \dfrac{2}{3} \times \dfrac{140^3 - 98^3}{140^2 - 98^2} = 120.24\text{mm}$

$T = \mu F_n R_e \rightarrow 1470 = 0.37 \times F_n \times 120.24 \times 10^{-3}$

$F_n = 33042.02\text{N}$

$P = \dfrac{F_n}{\pi(R_o^2 - R_i^2)} = \dfrac{33042.02}{\pi(140^2 - 98^2)} = 1.05\text{MPa}$

(二) F_n=33042.02N

(三) 來令片因磨耗變薄後,導致摩擦係數降低,因而摩擦力亦降低,造成無法確實傳達動力。

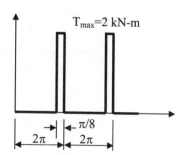

三 有一由電動馬達所帶動之沖床(punch press),其加工作動所需之力矩如圖所示,且此加工之速度為每分鐘120次,若不計機器運轉損失,且配合使用飛輪(flywheel)。試求:

(一) 所需選用之馬達功率。

(二) 若機器安裝飛輪之軸的轉速只容許在 400rpm與450rpm間變動,其所需配合使用飛輪之轉動質量慣性矩。

(三) 若飛輪為平板實心飛輪,鑄鐵製(密度7000kg/m³),軸向厚度為 50mm,其所需飛輪之外徑。

解:(一) 馬達功率$\dot{W}=T\omega=\dfrac{120\times\dfrac{\pi}{8}}{60}=1.57kW$

(二) $\omega_2^2=\omega_1^2+2\times\alpha\times\Delta\theta$

$(\dfrac{450\times2\pi}{60})^2=(\dfrac{400\times2\pi}{60})^2+2\times\alpha\times\dfrac{\pi}{8}\to\alpha=592.72rad/s^2$

$T=I\alpha$

$2000=I\times592.72\to$轉動質量慣性矩$I=3.37kg\text{-}m^2$

(三) $I=\dfrac{\pi}{8}mR^2$

$3.37=\dfrac{1}{2}\times7000\times\dfrac{\pi D^2}{4}\times\dfrac{50}{1000}\times\dfrac{D^2}{4}\to$飛輪外徑$D=0.5596m=55.96cm$

四 如圖所示之行星齒輪系示意圖，由壓力
　角20°之全深齒（full-depth tooth）漸開線
　正齒輪所構成。請回答下列問題：

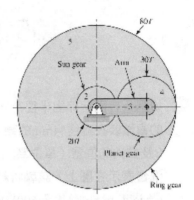

(一) 若使用之齒輪模數（module）為5，
　　試求旋臂（arm）上用以固定太陽輪
　　（sun gear）與行星輪（planet gear）
　　之軸心距離，以及環齒輪（ring
　　gear）之基圓（base circle）直徑。

(二) 若太陽輪以100rpm順時針方向旋轉，環齒輪為固定不動，試求旋臂及
　　行星輪分別之轉速及方向。（$\sin 20° = 0.3420$，$\cos 20° = 0.9397$）

解：(一) 軸心距離 $= \dfrac{M(T_1+T_2)}{2} = \dfrac{4(20+30)}{2} = 125mm$

環齒輪基圓直徑 $= 2 \times 125 + 5 \times 30 = 400mm$

(二) $\dfrac{\text{末輪轉速} N_o - \text{搖臂轉速} N_m}{\text{初輪轉速} N_i - \text{搖臂轉速} N_m} = (\pm \dfrac{T_{\text{主動輪}}}{T_{\text{從動輪}}})_1 \times (\pm \dfrac{T_{\text{主動輪}}}{T_{\text{從動輪}}})_2$

$\dfrac{0 - N_m}{100 - N_m} = (-\dfrac{20}{30}) \times (+\dfrac{30}{80}) \rightarrow$ 搖臂轉速 $N_m = +20rpm = 20rpm$(順時針)

$\dfrac{N - 20}{100 - 20} = (-\dfrac{20}{30}) \rightarrow$ 行星輪轉速 $N = -33.33rpm = 33.33rpm$(逆時針)

105年 台灣菸酒

一 如圖，有兩個節圓半徑為75mm及50mm
的齒輪裝在直徑44mm的軸上，軸承A與
B及齒輪的位置（單位為mm）及受力情
況皆表示在圖上。該軸材料的降伏強度
（yield strength）S_y為500MPa，請問：

(一) 最大的彎曲力矩（bending moment）
為若干？在何處？

(二) 以最大剪應力理論，該軸的設計安全因子（safety factor）n_s為若干？

提示：$d = (\dfrac{32n_s}{\pi S_y}\sqrt{M^2+T^2})^{\frac{1}{3}}$，d為軸的直徑。

解：(一) 假設節圓半徑75mm處為C點，節圓半徑50mm處為D點

則yz平面之剪力彎矩圖如下

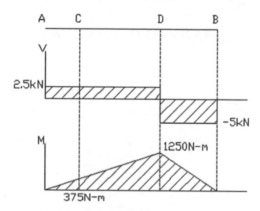

而xy平面之剪力彎矩圖如下

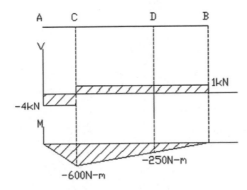

$$M_C = \sqrt{375^2 + (-600)^2} = 707.55\text{N-m}$$

$$M_D = \sqrt{1250^2 + (-250)^2} = 1274.75\text{N-m}$$

因此最大彎曲力矩為1274.75N-m，發生在節圓半徑50mm之齒輪處

(二) $T = 7.5 \times 50 = 5 \times 75 = 375\text{N-m}$

$$d = (\frac{32n_s}{\pi S_y}\sqrt{M^2 + T^2})^{\frac{1}{3}}$$

$$44 \times 10^{-3} = (\frac{32 \times n_s}{\pi \times 500 \times 10^6}\sqrt{1274.75^2 + 375^2})^{\frac{1}{3}} \rightarrow n_s = 3.15$$

⬤ 如圖的機械軸結構，已知A負荷
造成的位移為：$\delta_{AA} = 0.93\text{mm}$，
$\delta_{AB} = 0.66\text{mm}$，B負荷造成的位移
為：$\delta_{BA} = 0.99\text{mm}$，$\delta_{BB} = 1.04\text{mm}$。請問：

(一) 以當克力法（Dunkerley method）解該軸的最低危險速度（first critical
speed）為若干rpm？

提示：$\dfrac{1}{\varpi_{cr}^2} = \dfrac{1}{\varpi_{cr,A}^2} = \dfrac{1}{\varpi_{cr,B}^2}$（當克力法）

(二) 扼要說明機械軸結構的最低危險速度。

解：(一) $\omega_{cr} = \dfrac{\sqrt{\dfrac{g}{\delta}}}{2\pi}$

$\omega_{cr,A} = \dfrac{\sqrt{\dfrac{g}{(0.93+0.99)}}}{2\pi} = 0.36\text{rev/s}$

$\omega_{cr,B} = \dfrac{\sqrt{\dfrac{g}{(0.66+1.04)}}}{2\pi} = 0.38\text{rev/s}$

$\dfrac{1}{\omega_{cr,total}{}^2} = \dfrac{1}{\omega_{cr,A}{}^2} + \dfrac{1}{\omega_{cr,B}{}^2} = \dfrac{1}{0.36^2} + \dfrac{1}{0.38^2}$

$\omega_{cr,total} = 0.26\text{rev/s} = 15.68\text{rpm}$

(二) 臨界速度是理論角速度，為激發旋轉體的固有頻率。當轉速接近物體的固有頻率時，物體便開始共振。當轉速等於固有振動的數值時，該速度稱為臨界速度或最低危險速度。

即使在沒有外部負載的情況下，所有旋轉軸也會在旋轉期間偏轉。旋轉物體因質量不平衡所引起偏轉而產生共振，此時的轉速稱為臨界速度或最低危險速度。

🔴 由兩端銷（pin）接支持且承受集中負荷的柱（concentrically loaded column）結構，可得尤拉（Euler）負荷式：$P_{Cr} = \dfrac{\pi^2 EI}{\ell^2}$。請問：

(一) 由結構失效的觀點說明P_{Cr}的意義。

(二) 由尤拉式說明為何截面為空心圓柱優於相同面積的實心圓柱？

(三) 為何工程師習用截面為正方形或是圓形，而不是矩形的柱？

解：(一) P_{cr}為臨界負載，當承受負載P>臨界負載P_{cr}時，柱會產生挫屈
（Bucking）現象導致結構破壞失效。

(二) 因為相同面積時，空心圓柱之面積慣性矩I>實心圓柱之面積慣性矩I，
因此空心圓柱的臨界負載較大，比較安全。

(三) 因為正方性截面或圓形截面不管從X軸向或是Y軸向得到之慣性矩皆相
同，方便進行設計，因此工程師習慣用正方性截面或圓形截面之柱。

四　請回答下列問題：

(一) 請說明機械彈簧（mechanical spring）的定義及具體的功能。

(二) 某琴鋼線（music wire）製的彈簧，直徑d為1mm。琴鋼線的係數值
為：A_p=2170MPa，m=0.146。請問該彈簧的允許剪應力值為若干？

提示：$S_{ut} = \dfrac{A_p}{d^m}$，$\tau_{all} = 0.40 S_{ut}$

解：(一) 定義：在彈簧機構中，若對其施加力量而能夠進行壓縮，拉伸，旋
轉，滑動等機械作用之金屬線彈簧謂之機械彈簧。

功能：能進行壓縮，拉伸，扭轉等機構運動。

(二) $S_{ut} = \dfrac{A_p}{d^m} = \dfrac{2170}{1^{0.146}} = 2170 \text{MPa}$

$\tau_{all} = 0.40 S_{ut} = 0.40 \times 2170 = 868 \text{MPa}$

105年 專技高考

一 如圖所示之行星輪系，A齒輪為輸入，E齒輪為輸出，B和D為複合齒輪，E為活動的內齒輪，C為固定的內齒輪，請用列表法計算（ω_E/ω_A）的比值。

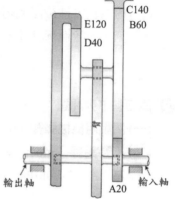

解：$\dfrac{\omega_C - \omega_M}{\omega_A - \omega_M} = (-\dfrac{T_A}{T_B})(+\dfrac{T_B}{T_C})$

$\rightarrow \dfrac{0 - \omega_M}{\omega_A - \omega_M} = (-\dfrac{20}{60})(+\dfrac{60}{140})$

整理可得 $\omega_A = 8\omega_M$

$\dfrac{\omega_E - \omega_M}{\omega_A - \omega_M} = (-\dfrac{T_A}{T_B})(+\dfrac{T_D}{T_E}) \rightarrow \dfrac{\omega_E - \omega_M}{8\omega_M - \omega_M} = (-\dfrac{20}{60})(+\dfrac{40}{120})$

整理可得 $\omega_E = \dfrac{2}{9}\omega_M \quad \therefore \dfrac{\omega_E}{\omega_A} = \dfrac{\dfrac{2}{9}\omega_M}{8\omega_M} = \dfrac{1}{36}$

二 一物體上某點的應力為 $\sigma_x = 80\text{MPa}$，$\sigma_y = 18\text{MPa}$，$\tau_{xy} = 64\text{MPa}$，材料的降伏強度 $\sigma_{yp} = 280\text{MPa}$。

(一) 請利用最大剪力損壞理論，計算安全因數。

(二) 請利用Mises-Hencky理論，計算安全因數。

解：(一) 最大剪應力理論

$$\sigma_1 \cdot \sigma_1 = \dfrac{\sigma_x + \sigma_y}{2} \pm \sqrt{\left(\dfrac{\sigma_x - \sigma_y}{2}\right)^2 + \tau_{xy}^2} = \dfrac{80 + 18}{2} \pm \sqrt{\left(\dfrac{80 - 18}{2}\right)^2 + 64^2}$$

$$= 120.11\text{MPa}或-22.11\text{MPa}$$

$$\tau_{max} = \sqrt{\left(\frac{80-18}{2}\right)^2 + 64^2} = 71.11 \text{MPa}$$

安全係數 $n = \dfrac{S_{YT}}{2\tau_{max}} = \dfrac{280}{2 \times 71.11} = 1.97$

(二) 畸變能理論

$$S_{ET} = \sqrt{(\sigma_1)^2 + (\sigma_2)^2 - \sigma_1\sigma_2} = \sqrt{(120.11)^2 + (-22.11)^2 - (120.11)(-22.11)}$$

$$= 132.56 \text{MPa}$$

而安全係數 $n = \dfrac{S_{YT}}{S_{ET}} = \dfrac{280}{132.56} = 2.11$

三 如下圖所示，若鉚釘的工作剪應力為13,000psi，請分別計算兩種鉚接方式所能承受的P值各為多少lb？假設鉚釘上的力矩負荷正比於它和鉚釘群重心之距離。

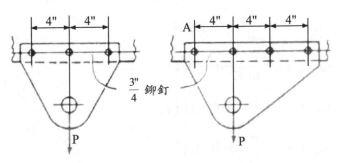

解：(一) 左圖之鉚接方式

　　由於P正好通過鉚釘群之形心，因此僅有橫向剪力負荷 F_V，無力矩負荷 F_M。

$$\tau = \frac{F_V}{A} = \frac{\dfrac{P}{3}}{\dfrac{\pi \times 0.75^2}{4}} = 13000P = 17229.67 \text{lb}$$

(二) 右圖之鉚接方式

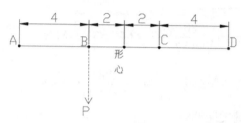

由於P未通過鉚釘群之形心，因此每根螺栓負荷為橫向剪力負荷F_V與力矩負荷F_M。

$$F_V = \frac{P}{4}(\downarrow)$$

以A點為座標原點，計算鉚釘群之形心位置$\bar{x}$

$$\bar{x} = \frac{0 \times 1 + 4 \times 1 + 8 \times 1 + 12 \times 1}{1 + 1 + 1 + 1} = 6$$

通過形心之力矩負載

$$M = (6-4)P = 2P = C(6^2 + 2^2 + 6^2 + 2^2)(逆時針) \rightarrow C = \frac{P}{40}$$

$$F_{MA} = C \times r_A = \frac{P}{40} \times 6 = 0.15P(\downarrow)$$

$$F_{MB} = C \times r_B = \frac{P}{40} \times 2 = 0.05P(\downarrow)$$

$$F_{MC} = C \times r_C = \frac{P}{40} \times 2 = 0.05P(\uparrow)$$

$$F_{MD} = C \times r_D = \frac{P}{40} \times 6 = 0.15P(\uparrow)$$

因此，$F_A = F_{VA} + F_{MA} = 0.25P + 0.15P = 0.4P$

$\qquad F_B = F_{VB} + F_{MB} = 0.25P + 0.05P = 0.3P$

$\qquad F_C = F_{VC} + F_{MC} = 0.25P - 0.05P = 0.2P$

$\qquad F_D = F_{VD} + F_{MD} = 0.25P - 0.15P = 0.1P$

$\therefore$A點承受最重負荷 $\dfrac{0.4P}{\dfrac{\pi}{4} \times 0.75^2} = 13000 \rightarrow P = 14358.06\text{lb}$

105年 高考三級

一 說明一正齒輪對發生干涉（Interference）可能衍生的負面影響與其改善方法。

解：(一) 干涉的負面影響：過度磨損、振動或卡死

(二) 改善方法：

1. 修改齒面或齒腹。

2. 減少齒冠。

3. 增加壓力角。

4. 增加齒數。

5. 採用轉位齒輪。

6. 採用擺線齒輪。

二 (一) 以萬能試驗機做材料拉伸實驗時，材料試片受力狀態為純單軸拉力（僅y軸方向有負載），此時$\sigma_x = 0$、$\tau_{xy} = 0$。試繪製此狀態下之莫耳圓（Mohr's circle），並據以說明為何材料的剪力降伏強度為降伏強度的一半。

(二) 一傳動軸受到純扭力T的作用時，$\sigma_x = \sigma_y = 0$、$\tau_{xy} = \dfrac{Tc}{J}$。試繪製此狀態下之莫耳圓，並據以說明為何扭轉J一枝粉筆導致斷裂時，其斷裂方向一定和粉筆的軸成45°。

解：(一) 由右圖莫耳圓可看出，最大剪應力τ_{max}為
莫耳圓的半徑。

換言之，$\tau_{max} = \dfrac{\sigma_y - \sigma_x}{2} = \dfrac{\sigma_y - 0}{2} = \dfrac{\sigma_y}{2}$
因此剪力降伏強度為降伏強度的一半。

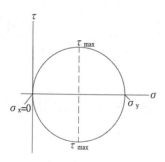

(二) 軸受到純扭矩T作用時，產生純剪應力而
雙軸向正向應力為0，如右圖之$(0, \tau_{xy})$與
$(0, -\tau_{xy})$處。而而旋轉$2\theta_p = 90$度之後產生
主應力σ_1與σ_2，

$\rightarrow \theta_p = \dfrac{90°}{2} = 45°$

即應力元素旋轉45度之後產生主應力，
而造成最大拉伸應力與最大壓縮應力破
壞。

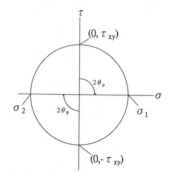

三 一聯軸器如下圖所示，以四個螺栓固定，假設受扭矩$T_0 = 100$N-m，且
D=100mm，螺栓直徑d=10mm，試計算螺栓中直接剪應力大小。螺栓材料
降伏強度為200MPa，請自行假設設計係數，預估此聯軸器可以承受之最大
扭矩。

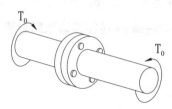

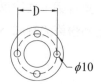

解：(一) $T = FR \rightarrow 100 = F \times \dfrac{50}{1000} \rightarrow$ 總切線力 $F = 2000N$

平均每根螺栓受到剪力 $V = \dfrac{2000}{4} = 500N$

剪應力 $\tau = \dfrac{V}{A_s} = \dfrac{500}{\dfrac{\pi}{4} \times 10^2} = 6.37MPa$

(二) 假設設計安全係數為3.2

則容許應力 $\tau_{allow} = \dfrac{S_y}{n} = \dfrac{200}{3.2} = 62.5MPa$

平均每根螺栓受到剪力 $V = \tau A_s = 62.5 \times \dfrac{\pi}{4} \times 10^2 = 4908.74N$

總切線力 $F = 4V = 4 \times 4908.74 = 19634.95N$

扭矩 $T = FR = 19634.95 \times \dfrac{50}{1000} = 981.75N\text{-}m$

四 下圖之滑動軸承直徑 $d = 100mm$，長 $l = 150mm$，徑向間隙 $c = 0.05mm$，轉速 $n = 900rpm$，使用80°C之SAE 10潤滑油，其絕對黏度 $\mu = 6.75mPa$ sec（$6.75 \times 10^{-9} N\ sec/mm^2$）。請以貝楚夫軸承公式（Petroff's Bearing Equation）求由負載所導致該軸承之摩擦扭矩、摩擦能量損耗。

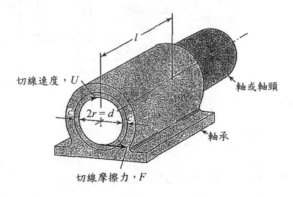

切線速度，U

軸或軸頸

$2r = d$

軸承

切線摩擦力，F

解：(一) 貝楚夫軸承方程式

$$摩擦扭矩T = FR = \frac{2\pi R^3 L\mu\omega}{C}$$

$$= \frac{2\pi \times 0.05^3 \times 0.15 \times (6.75 \times 10^{-3}) \times \frac{900 \times 2\pi}{60}}{5} = 1.5\text{N-m}$$

(二) 貝楚夫軸承方程式

$$摩擦功率\dot{W} = T\omega = 1.5 \times \frac{900 \times 2\pi}{60} = 141.3\text{W}$$

五 如圖所示之帶式剎車，其剎車鼓的半徑r＝100mm，寬度b＝25mm，d_9＝225mm，d_8＝50mm，d_{10}＝12mm，ϕ＝270°，摩擦係數μ＝0.2，在鼓和剎車皮間之最大壓力p_{max}＝500kPa。試求剎車時之作動力W。

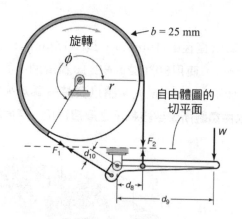

解：$F_1 = P_{max}bR = 0.5 \times 25 \times 100 = 1250\text{N}$

$$\frac{F_1}{F_2} = e\mu^\phi \rightarrow \frac{1250}{F_2} = e^{0.2 \times \frac{10}{3}} \rightarrow F_2 = 487.08\text{N}$$

$$\sum M_O = 0，1250 \times 12 + W \times 225 = 487.08 \times 50$$

$$W = -41.57\text{N} = 41.57\text{N}(\uparrow)$$

105年 普考

一 請回答下列問題：

(一) 32H7/s6的公差配合標示是屬留隙（Clearance）、過渡（Transition），還是過盈（Interference）配合？

(二) 在32H7/s6的公差配合標示中，32的意義為何？

(三) 在32H7/s6的公差配合標示中，H7的意義為何？

(四) 在32H7/s6的公差配合標示中，s6的意義為何？

解：(一) 為過盈配合

(二) 為基本尺寸

(三) H為基孔制，孔下限為0，7為公差等級為IT7

(四) s為軸之下偏差值，6為公差等級為IT6

二 如圖所示之軸及其承受的負荷，請問何處具有最大的力矩？其值為何？

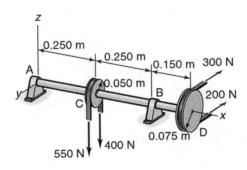

解：xz平面之剪力彎矩圖如下

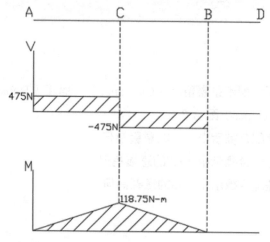

而xy平面之剪力彎矩圖如下

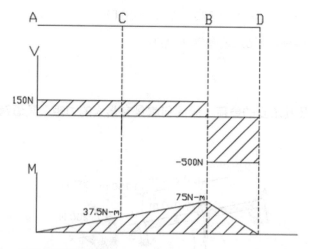

$$M_C = \sqrt{118.75^2 + 37.5^2} = 124.53 \text{N-m}$$

$$M_B = \sqrt{0^2 + 75^2} = 75.\text{N-m}$$

因此最大彎曲力矩發生在C處，值為124.53N-m。

三 如圖所示之圓盤離合器，接觸面之內徑為 D_1，外徑為 D_2。左側之施力F為彈簧力，假設接觸面之摩擦係數μ是均勻的，接觸面的面壓力亦為均勻的，其值為P，試推導此時可傳遞之扭矩。

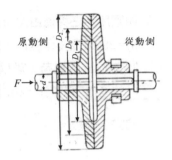

原動側　　從動側

解：假設接觸面之內半徑為 R_1，外半徑為 R_2

因此 $R_1 = \dfrac{D_1}{2}$，$R_2 = \dfrac{D_2}{2}$

傳遞扭矩 $T = \int \mu\, Pr\, dA = \mu\, P \int r\, dA$

而 $dA = 2\pi r\, dr \rightarrow T = 2\pi\mu\, P \int_{R_1}^{R_2} r^2 dr = \dfrac{2}{3}\pi\mu\, P(R_2^{\,3} - R_1^{\,3}) = \dfrac{1}{12}\pi\mu\, P(D_2^{\,3} - D_1^{\,3})$

四 如圖所示之T形剖面的樑及其尺寸，若承受一彎矩1500N-m使得在頂面處產生拉應力。試求發生於頂面之最大拉應力為何？（圖中所示長度單位為mm）

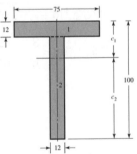

解：$C_2 = \dfrac{12 \times 75 \times (88+6) + 12 \times 88 \times 44}{12 \times 75 + 88 \times 12} = 67\text{mm}$

慣性矩 $I = [\dfrac{75 \times 12^3}{12} + 12 \times 75 \times (21+6)^2] + [\dfrac{12 \times 88^3}{12} + 12 \times 88 \times (44-21)^2]$

$= 1906996\text{mm}^4$

拉應力 $= \dfrac{MC_1}{I} = \dfrac{1500 \times (100-67) \times 10^{-3}}{1906996 \times 10^{-12}} = 25.96\text{MPa}$

五 如圖所示之桿係由AISI 1006冷拉鋼製成，$S_y=280MPa$。承受F＝0.55kN，P＝8.0kN，T＝30N-m的負荷，若以畸變能理論作為設計的考慮，此時$\sigma'=(\sigma_x^2+3\tau_{zx}^2)^{1/2}$。試求A點的安全因數。$I=\dfrac{\pi D^4}{64}$，$J=\dfrac{\pi D^4}{32}$。

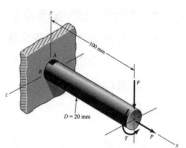

解：$\sigma_P=\dfrac{P}{A}=\dfrac{8\times 10^3}{\dfrac{\pi}{4}\times 20^2}=25.46MPa(\rightarrow)$

$\sigma_M=\dfrac{MC}{I}=\dfrac{32M}{\pi D^3}=\dfrac{32\times 0.55\times 10^3\times 100}{\pi\times 20^3}=70.03MPa(\rightarrow)$

$\therefore \sigma_X=\sigma_P+\sigma_M=25.46+70.03=95.49MPa(\rightarrow)$

$\tau_{zx}=\dfrac{T\rho}{J}=\dfrac{16T}{\pi D^3}=\dfrac{16\times 30\times 10^3}{\pi\times 20^3}=19.10MPa$

等效應力$\sigma'=\sqrt{\sigma_X^2+3\tau_{zx}^2}=\sqrt{95.49^2+3\times 19.10^2}=101.06MPa$

安全因數$n=\dfrac{S_y}{\sigma'}=\dfrac{280}{101.06}=2.77$

105年 地特三等

● 螺栓牙根處之應力狀態$\sigma_x = 50\text{MPa}$，$\sigma_y = -20\text{MPa}$，$\tau_{yz} = 8\text{MPa}$，其餘為應力分量$(\sigma_z, \tau_{xy}, \tau_{xz})$為0，求作用於此處之：

(一) 三個主應力。

(二) 最大剪應力。

解：(一) $\begin{bmatrix} \sigma_{xx} & \tau_{xy} & \tau_{xz} \\ \tau_{xy} & \sigma_{yy} & \tau_{yz} \\ \tau_{xz} & \tau_{yz} & \sigma_{zz} \end{bmatrix} = \begin{bmatrix} 50 & 0 & 0 \\ 0 & -20 & 8 \\ 0 & 8 & 0 \end{bmatrix}$

求特徵值

$\begin{vmatrix} 50-\sigma & 0 & 0 \\ 0 & -20-\sigma & 8 \\ 0 & 8 & 0-\sigma \end{vmatrix} = 0 \rightarrow (50-\sigma)[(-20-\sigma)(0-\sigma)-8\times 8]=0$

$(50-\sigma)(-\sigma^2 + 20\sigma - 64) = 0 \rightarrow \sigma_1 = 50\text{MPa}、\sigma_2 = 16\text{MPa}、\sigma_3 = 4\text{MPa}$

(二) 最大剪應力$\tau_{max} = \dfrac{50-4}{2} = 23\text{MPa}$

● 材料的高循環（high-cycle）壽命區間在10^3至10^6區間，其疲勞強度（fatigue strength）S_f與壽命轉數N的關係式：$S_f = aN^b$，一個實際機械元件之材料其極限強度（ultimate strength）$S_{ut} = 680\text{MPa}$，其對應10^3壽命的疲勞強度為560MPa，對應10^6壽命的忍耐限（endurance limit）為$S_e = 210\text{MPa}$。

(一) 若期望此元件達到10^5壽命數，求所能承受的反覆週期應力幅值（stress amplitude）。

(二) 此元件受到完全反覆週期應力幅值380MPa作用時（應力從最小值-380MPa至最大380MPa連續變化），求其預期之壽命。

解：(一) $560 = a \times 1000^b \cdots (1)$

$210 = a \times (10^6)^b \cdots (2)$

解(1)、(2)可得a=1493.44，b=-0.142

因此疲勞強度關係式為$S_f = 1493.44N^{-0.142}$

將$N = 10^5$代入$S_f = 1493.44 \times (10^5)^{-0.142} = 291.20$MPa

→反覆週期應力幅值為291.20MPa

(二) 將$S_f = 380$MPa代入$380 = 1493.44N^{-0.142} \rightarrow N = 15344.22$轉

預期壽命為15344.22轉

三 推導公式：外半徑為R之圓柱底部全周填角銲，形成的圓環形銲道。

(一) 求證其抵抗扭矩（torsional moment）之喉寬（throat width）單位極面積二次矩（unit second polarmoment of area）$J_u = 2\pi R^3$。

(二) 求證其抵抗彎矩（bending moment）之喉寬單位面積二次矩（unit second moment of area）$I_u = \pi R^3$。

解：(一) 已知圓柱外半徑為R，假設喉寬為w

$$J_o = \int_A R^2 dA = I_x + I_y$$

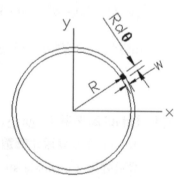

其中 $dA = wRd\theta \rightarrow J_o = wR^3 \int_0^{2\pi} d\theta = 2\pi R^3 w$

因此喉寬單位極面積二次矩$J_u = \dfrac{J_o}{w} = 2\pi R^3$

(二) $J_o = I_x + I_y$，又圓形之面積二次矩$I_x = I_y = \dfrac{J_o}{2} = \pi R^3 w$

因此喉寬單位面積二次矩$I_u = \dfrac{I_x}{w} = \dfrac{I_y}{w} = \pi R^3$

㈣ 某一類滾珠軸承的壽命實驗得到相同可靠度之負荷F與壽命轉數L之關係：

$F_1{}^3L_1 = F_2{}^3L_2$，以及可靠度R與壽命比x之關係式：$R = \exp[-(\dfrac{x-x_0}{\theta-x_0})^b]$，其中

$x_0 = 0.02$，$(\theta - x_0) = 4.439$，$b = 1.483$，其對等徑向負荷因數$X_2 = 0.56$，

$Y_2 = 1.5$，選用此類軸承於受到軸向負荷800N及徑向負荷2000N，使用因數

1.0，內環轉動，轉速12000rpm，預期壽命30000小時，可靠度達到0.999，

求所需軸承動容量（基本額定負荷）。

解：$R = e^{-\left(\frac{x-x_0}{\theta-x_0}\right)^b} \to 0.999 = e^{-\left(\frac{x-0.02}{4.439}\right)^{1.483}} \to$ 壽命比$x = 0.06212$

等價徑向負荷$P = 0.56P_r + 1.5P_a = 0.56 \times 2000 + 1.5 \times 800 = 2320N$

$\dfrac{1}{0.06212} = (\dfrac{C}{2320})^3 \to$ 基本額定負荷$C = 5857.93N$

㈤ 圓環型的碟式煞車（disk brake），其工作內徑$d_i = 200mm$，工作外徑

$d_o = 300mm$，摩擦襯之摩擦係數為0.4，煞車致動力（actuating force）

F = 2kN，垂直作用於盤面。

(一) 假設盤面之正向壓力為均勻分布，求煞車產生之摩擦力矩。

(二) 假設盤面摩擦襯為均勻磨耗，求煞車產生之摩擦力矩。

解：(一) 均勻壓力理論：

有效摩擦半徑$R_e = \dfrac{2}{3} \times \dfrac{R_o{}^3 - R_i{}^3}{R_o{}^2 - R_i{}^2} = \dfrac{2}{3} \times \dfrac{150^3 - 100^3}{150^2 - 100^2} = 126.67mm$

$T = \mu F_n R_e = 0.4 \times 2 \times 126.67 = 101.336$N-m

(二) 均勻磨耗理論：

有效摩擦半徑$R_e = \dfrac{R_o + R_i}{2} = \dfrac{150 + 100}{2} = 125mm$

$T = \mu F_n R_e = 0.4 \times 2 \times 125 = 100$N-m

105年 地特四等

一 應力狀態$\sigma_x = 220$MPa，$\tau_{xy} = 300$MPa，$\sigma_y = -100$MPa，其他應力分量為0，求：

(一) 主應力。

(二) 最大剪應力。

(三) 材料降伏強度$S_Y = 800$MPa，根據最大剪應力降伏破壞理論之安全係數。

解：(一)
$$\begin{bmatrix} \sigma_{xx} & \tau_{xy} & \tau_{xz} \\ \tau_{xy} & \sigma_{yy} & \tau_{yz} \\ \tau_{xz} & \tau_{yz} & \sigma_{zz} \end{bmatrix} = \begin{bmatrix} 220 & 300 & 0 \\ 300 & -100 & 0 \\ 0 & 0 & 0 \end{bmatrix}$$

求特徵值

$$\begin{vmatrix} 220-\sigma & 300 & 0 \\ 300 & -100-\sigma & 0 \\ 0 & 0 & 0-\sigma \end{vmatrix}$$

$$\rightarrow (0-\sigma)[(220-\sigma)(-100-\sigma)-300\times300]=0$$

$$(0-\sigma)(\sigma^2-120\sigma-112000)=0$$

$$\rightarrow \sigma_1=400\text{MPa} \cdot \sigma_2=0\text{MPa} \cdot \sigma_3=-280\text{MPa}$$

(二) 最大剪應力$\tau_{max} = \dfrac{400-(-280)}{2} = 340$MPa

(三) 最大剪應力理論之安全係數

$$n = \frac{S_{YT}}{2\tau_{max}} = \frac{800}{2\times340} = 1.18$$

二 均勻光滑圓柱桿直徑$d=70mm$，受反覆交變從120kN至500kN的拉力連續作用，其應力變化如圖1所示，材料之疲勞破壞限界如圖2的實線所示，桿件材料的極限強度$S_{ut}=630MPa$，降伏強度$S_Y=350MPa$，忍耐限$S_e=210MPa$，求安全係數。

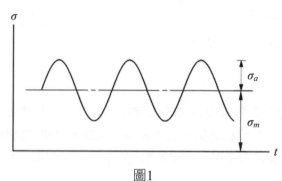

圖1

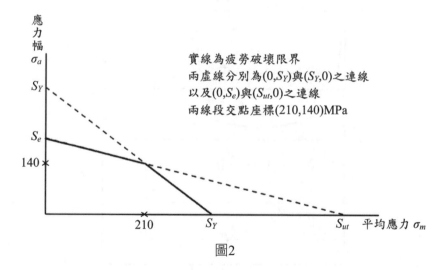

實線為疲勞破壞限界
兩虛線分別為$(0,S_Y)$與$(S_Y,0)$之連線
以及$(0,S_e)$與$(S_{ut},0)$之連線
兩線段交點座標$(210,140)$MPa

圖2

解：實線為古德曼破壞理論

先求出反覆應力最大值σ_{max}與反覆應力最小值σ_{min}

$$\sigma_{min}=\frac{120000}{\frac{\pi\times70^2}{4}}=31.18MPa \text{，} \sigma_{max}=\frac{500000}{\frac{\pi\times70^2}{4}}=129.92MPa$$

$$\text{平均應力}\sigma_{av} = \frac{31.18 + 129.92}{2} = 80.55 MPa$$

$$\text{交變應力}\sigma_r = \frac{129.92 - 31.18}{2} = 49.37 MPa$$

將以上各項代入$\frac{\sigma_{av}}{S_u} + K\frac{\sigma_r}{S_e} = \frac{1}{n} \rightarrow \frac{80.55}{630} + 1 \times \frac{49.37}{210} = \frac{1}{n}$

可求得安全係數n＝2.76

三 如圖示懸臂鋼板以四個螺栓固定在ㄇ型槽鐵，懸臂自由端受到32kN的負荷，造成一支螺栓的橫剖面均承受了直接剪力和二次剪力，二次剪力為負荷作用在螺栓群組形心O點之力矩所致，求四個螺栓分別受到的剪力。

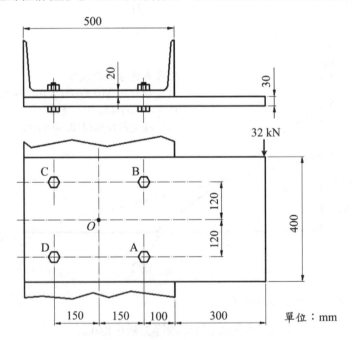

單位：mm

解：橫向剪力$F_V = F_{VA} = F_{VB} = F_{VC} = F_{VD} = \frac{32000}{4} = 8000N$

對形心O點產生之力矩M＝32×(300＋100＋150)＝17600N-m

$$\overline{OA}=\overline{OB}=\overline{OC}=\overline{OD}=\sqrt{150^2+120^2}=192.09\text{mm}$$

$$17600=4\times\frac{192.09}{1000}\times F_M$$

扭轉剪力$F_M=F_{MA}=F_{MB}=F_{MC}=F_{MD}=22905.93N$

$$(F_M)_x=F_M\times\frac{120}{192.09}=22905.93\times\frac{120}{192.09}=14309.50N$$

$$(F_M)_y=F_M\times\frac{150}{192.09}=22905.93\times\frac{150}{192.09}=17886.87N$$

$$\therefore F_A=F_B=\sqrt{14309.50^2+(17886.87+8000)^2}=29578.57N$$

$$F_C=F_D=\sqrt{14309.50^2+(17886.87-8000)^2}=17392.87N$$

（四）滾珠軸承內環轉速1800rpm，所受徑向負荷2kN，軸承之額定壽命數為10^6轉，軸承負荷F與壽命轉數L之關係：$F^3L=$常數，採用動容量（基本額定負荷）$C_{10}=16$kN，求此軸承能夠運轉之壽命時間為多少小時數。

解：$F^3L=$常數$\rightarrow L_1^3L_1=L_2^3L_2$

　　$16^3\times10^6=2^3\times hrs\times60\times1800\rightarrow hrs=4740.74$小時

（五）如圖所示的兩組行星齒輪機構組成一個傳動系，齒數如下：$N_2=16$，$N_3=16$，$N_4=34$，$N_6=22$，$N_7=60$，齒輪4與齒輪6共軸，臂桿5以b軸旋轉，帶動齒輪3、4、6公轉，齒輪7被固定不旋轉，a軸輸入轉速500rpm，求b軸之輸出轉速。

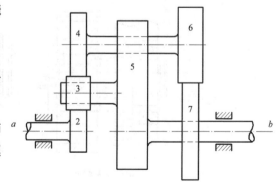

解：$\dfrac{0-N_5}{500-N_5}=(-\dfrac{16}{16})\times(-\dfrac{16}{34})\times(-\dfrac{22}{60})\to$搖臂轉速$N_5=426.42$rpm

六 基本尺寸50mm的公差IT7＝25μm，IT8＝39μm，一對孔及軸的配合與公差記為ϕ50H8/g7，軸之下偏差為－10μm，求：

(一) 軸之尺寸範圍。　　　　　　(二) 孔之尺寸範圍。

(三) 軸與孔形成的間隙範圍。

解：(一) 軸尺寸範圍為：49.965mm~49.990mm

(二) 孔尺寸範圍為：50.000mm~50.039mm

(三) 間隙範圍為：0.010mm~0.074mm

七 如圖(a)所示傳動軸的裝配圖，傳動軸的ϕ25mm軸段左側軸肩為軸承在軸向的定位面，其右側軸肩為齒輪的定位面，這兩個面必須作為軸長度方向的基準，因此，如圖(b)所示的尺寸標註方式錯誤，除了軸長度50mm正確以外，另外五個軸向的尺寸都不正確，應以此軸之ϕ25mm軸段左端為基準面，修正另外五個軸向尺寸的標註，以正確的定義出在軸長度方向所需安裝零件的位置及所需要的長度，本題作答須將圖(c)繪製在試卷並補充所需修正的尺寸線、尺寸界線及標註正確尺寸。

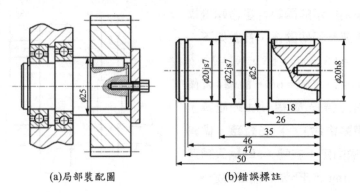

(a)局部裝配圖　　　　　　(b)錯誤標註

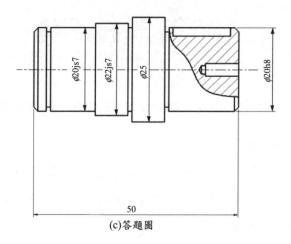

(c)答題圖

解：

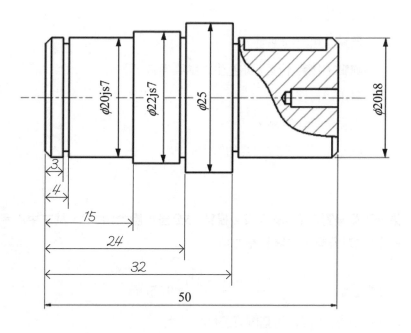

106年 專技高考

一 請說明離合器（Clutch）；離合器有那些種類、其優缺點比較及使用。

解：(一) 摩擦離合器

優點：1.主動軸與從動軸接合與分離時，平穩順暢

2.且負荷超過一定值時，兩軸即產生打滑，具保護作用。

缺點：從動軸之轉速較不穩定。

(二) 爪式離合器

1. 方爪離合器

優點：可雙向傳動。

缺點：接合不便，亦產生震動與噪音。

2. 斜爪離合器

優點：接合容易。

缺點：僅可單方向傳動。

二 某一正齒輪對具有6及24齒，模數6.5公厘，壓力角20°，試求中心距；若中心距增加3公厘，試求其壓力角。

解：(一) 中心距$C=\dfrac{M(T_1+T_2)}{2}=\dfrac{6.5(6+24)}{2}=97.5mm$

(二) 若兩齒輪齒數T與基圓直徑D_b皆不變

小齒輪基圓直徑$D_b=$小齒輪節徑$D_c\times\cos\phi=6.5\times6\times\cos20°=36.648mm$

新中心距$C'=97.5+3=100.5mm$

$$C' = \frac{M'(T_1 + T_2)}{2} \rightarrow 100.5 = \frac{M'(6+24)}{2} \rightarrow M' = 6.7\text{mm}$$

小齒輪基圓直徑D_b＝新小齒輪節徑$D_c' \times \cos\phi \rightarrow 36.648 = 6.7 \times 6 \times \cos\phi'$

新壓力角$\phi' = 24.27°$

三 某一正齒輪具有32齒，壓力角20°，模數6.5公厘及齒冠5.5公厘。試求能與其嚙合而不發生干涉的最小小齒輪齒數。

解： $T_2^2 + 2T_1T_2 = \dfrac{4k(T_1+k)}{\sin^2\phi}$ ， $k = \dfrac{齒冠}{模數} = \dfrac{5.5}{6.5} = 0.85$

$\therefore T_2^2 + 2 \times 32 \times T_2 = \dfrac{4 \times 0.85 \times (32 + 0.85)}{\sin^2 20°}$

得$T_2 = 12.48 \rightarrow$ 小齒輪齒數至少要有13齒才不會發生干涉

106年 鐵路特考高員三級

一 如圖所示，一組ASTM A-48鑄鐵飛輪外徑及內徑為d_o與d_i，軸向長度l。已知$d_o=400mm$，$d_i=0.75d_o$，$l=0.25d_o$，以及鑄鐵材質密度$\rho=7200kg/m^3$，試計算將飛輪從1200rpm降到1100rpm所需的煞車能量。假設摩擦損失及轂與輻條的慣性皆可忽略。

參考公式：$\Delta E_k=m(v_2^2-v_1^2)/2=I(\omega_2^2-\omega_1^2)/2$，$I=\int_{r_i}^{r_o} r^2dm$，$W=T\theta$。

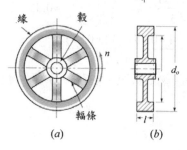

(a)   (b)

解：$I=\dfrac{0.25\times400}{1000}=0.1m$

$d_i=\dfrac{0.75\times400}{1000}=0.3m$

$I=\int_{r_i}^{r_o} r^2dm=\int_{r_i}^{r_o} r^2\rho dV=\int_{r_i}^{r_o} r^2\rho ldA=\int_{r_i}^{r_o} r^2\rho l2\pi rdr=2\pi\rho l\times\dfrac{r_o^4-r_i^4}{4}$

$=2\pi\rho l\times\dfrac{r_o^4\times r_i^4}{4}=2\pi\rho l\times\dfrac{r_o^4-r_i^4}{4}=2\pi\times7200\times0.1\times\dfrac{0.2^4-0.15^4}{4}$

$=1.237kg\text{-}m^2$

$\Delta E_k=\dfrac{I(\omega_2^2-\omega_1^2)}{2}=\dfrac{1.237\times\left[(\dfrac{1200\times2\pi}{60})^2-(\dfrac{1100\times2\pi}{60})^2\right]}{2}=1560$ 焦耳

二 一個內徑25mm（02-系列）的深槽滾珠軸承於轉速1500rpm時，同時受到一徑向2kN及軸向3kN結合的負載，其外環旋轉，且負載穩定。請參考表一及表二所示與本題求解有關之資料，試求：

(一) 滾珠軸承的中值壽命為多少小時？

(二) 又當預期壽命變為2倍時，滾珠軸承的負載量改變應為多少百分比？

參考公式：$P=XVF_r+YF_a$，$P=VF_r$，$P=\dfrac{W}{Dw}$，$L_{10}=(\dfrac{W}{Dw})^3$

表一 02系列滾珠軸承的尺寸與基本額定負載

內徑 D(mm)	外徑 D_o(mm)	寬度 w(mm)	圓角半徑 r(mm)	深　槽　式 C	C_s	斜角接觸式 C	C_s
17	40	12	0.6	9.56	4.50	9.95	4.75
20	47	14	1.0	12.7	6.20	13.3	6.55
25	52	15	1.0	14.0	6.95	14.8	7.65
30	62	16	1.0	19.5	10.0	20.3	11.0
35	72	17	1.0	25.5	13.7	27.0	15.0

備註：軸承額定壽命容量C，為在90%可靠度下，壽命為旋轉106次時的負載。

表二 深槽滾珠軸承的因子

（本表中，V＝1.0（內環旋轉的軸承）或V＝1.2（外環旋轉的軸承）。）

F_a/C_s	e	$F_a/VF_r \le e$ X	Y	$F_a/VF_r > e$ X	Y
0.042	0.24				1.85
0.056	0.26				1.71
0.070	0.27	1.0	0	0.56	1.63
0.28	0.38				1.15
0.42	0.42				1.04
0.56	0.44				1.00

解：(一) 查表：內徑D＝25mm，深槽式C＝14.0kN，C_s＝6.95kN

$$\frac{F_a}{C_s}=\frac{3}{6.95}=0.42 \rightarrow e=0.42$$

$$\frac{F_a}{VF_r} = \frac{3}{12 \times 2} = \frac{3}{2.4} = 1.25 > e = 0.42 \rightarrow X = 0.56，Y = 1.04$$

$$P = XVF_r + YF_a = 0.56 \times 1.2 \times 2 + 1.04 \times 3 = 4.464kN$$

$$\frac{L}{L_{10}} = (\frac{C}{P})^3 \rightarrow \frac{L}{10^6} = (\frac{14}{4.464})^3 \rightarrow L = 3.1 \times 107轉$$

$$L_{HR} = \frac{3.1 \times 10^7}{1500 \times 60} = 344.44小時$$

(二) $\dfrac{P}{P'} = \sqrt[3]{2} \rightarrow P' = 0.7937P$

$$\frac{P' - P}{P} \times 100\% = \frac{0.7937P - P}{P} = -20.63\%$$

三 如圖(a)～圖(e)所示為常被使用在一般氣壓迴路圖中的符號，請說明每一符號代表之元件名稱及其功能。

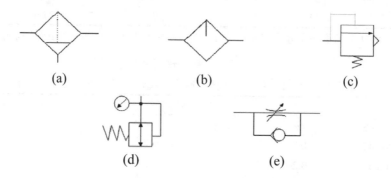

(a)　　　　　　(b)　　　　　　(c)

(d)　　　　　　(e)

解：(a) 空氣過濾器：過濾空氣雜質。

(b) 空氣加油霧器：在空氣內釋放油霧以潤滑元件

(c) 放洩閥：為常閉閥，未做動時出、入口之間為閉路；當入口壓力大於調整彈簧設定值時，閥門開啟，壓力放洩，常用於系統之安全壓力設定。

(d) 空氣調壓閥：調節空氣壓力。

(e) 單向節流閥：單向節流閥是由一雙向節流閥和止回閥所組成，因有止回閥作用，故為單方向才具有節流功用。

四 下圖所示為一些元件裝配組合成的最終產品，假設元件1、2、3及4有圖示之尺寸，其開口處的最終尺寸之平均值$\bar{w}=-\bar{a}+\bar{b}+\bar{c}-\bar{d}$。

(一) 試求w和a、b、c及d的關係式。

(二) 請說明何謂基本尺寸（basic dimension）、實際尺寸（actual dimension）、上限（upper limit）、下限（lower limit）及公差（tolerance）。

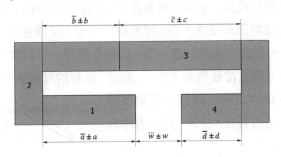

解：(一) 令$L_1=(\bar{b}\pm b)+(\bar{c}\pm c)$，$L_2=(\bar{a}\pm a)+(\bar{w}\pm w)+(\bar{d}\pm d)$

　　∵$L_1=L_2\to(\bar{b}\pm b)+(\bar{c}\pm c)=(\bar{a}\pm a)+(\bar{w}\pm w)+(\bar{d}\pm d)\cdots(1)$

　　題目給定$\bar{w}=-\bar{a}+\bar{b}+\bar{c}-\bar{d}$代入(1)式

　　得$\pm w=-(\pm a)+(\pm b)+(\pm c)-(\pm d)\to w=-a+b+c-d$

(二) 1. 基本尺寸：工件之理想尺寸，為加工製作前所希望之實際尺寸。

　　 2. 實際尺寸：即工件於製造加工後，經由測量而得之數值。

　　 3. 上限：基本尺寸＋上偏差

　　 4. 下限：基本尺寸＋下偏差

　　 5. 公差：為最大極限尺寸與最小極限尺寸之差，即工件尺寸所允許之差異

　　　　公差＝最大極限尺寸－最小極限尺寸＝上偏差－下偏差

106年 高考三級

一 一個無釘的木橋側視圖如下圖所示，A、B、C、D、E及F為六根圓木，其中D、E及F三根和頁面垂直，A、B及C則在紙面上。其力的平衡是靠各桿的互相支撐來達成。例如A桿是靠F（正好架在A桿的中間），E（架在A桿的尾端）及地面來支撐，而C桿是靠F、E及D來撐住以達力的平衡，且A桿及B桿和地面之夾角為30度。若C桿在中間受一W的負載，請計算A桿的直徑要多少才能支撐此負載？W＝100kg，木材的材料強度是5MPa，不計圓木重量，木與木之間的摩擦力足夠保持其在圖示之位置且A桿及B桿長度均為1000mm。

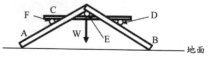

解：取A桿受力自由體圖如下圖

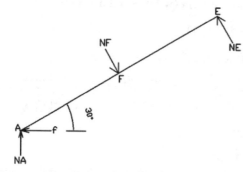

$$N_A = N_B = \frac{100 \times 9.8}{A} = 490N$$

$$\sum F_y = 0 \rightarrow 490 + N_E \cos 30° = N_F \cos 30° \cdots (1)$$

$$\sum M_A = 0 \rightarrow N_E L = N_F \frac{L}{2} \cdots (2)$$

解(1)、(2)得$N_E = 565.8N$，$N_F = 1131.6N$

A點合成受力$F_A = \sqrt{N_A{}^2 + f^2} = N_F - N_E = 1131.6 - 565.8 = 565.8N$

繪出剪力彎矩圖如下圖

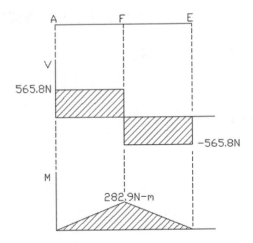

橫向剪應力 $\tau = \dfrac{4V}{3A} = \dfrac{4 \times 565.8}{3 \times \dfrac{\pi d^2}{4}} \leq 5 \to d \geq 13.86mm$

彎曲應力 $\sigma = \dfrac{32M}{\pi d^3} = \dfrac{32 \times 282.9 \times 10^3}{\pi d^3} \leq 5 \to d \geq 83.22mm$

因此A桿直徑至少要83.22mm才能支撐此負載

🔴 二 疲勞失效準則有那些？請分別說明，並繪圖說明之。

解：(一) 索德柏破壞理論（Soderberg Failure Theory）

索德柏破壞理論如下圖所示。若平均應力 $\sigma_{av} = 0$，則所有變動負荷皆為交變應力，其應力值 σ_r 大於疲勞強度 S_e 時就會發生破壞。因此同理，若交變應力 $\sigma_r = 0$，則所有變動負荷皆為靜態應力，其應力值 σ_{av} 大於降伏強度 S_y 時就會發生破壞。疲勞強度 S_e 與降伏強度 S_y 兩點作連線即為索德柏線，如下圖AC段所示。

因此索德柏線方程式為：$\dfrac{\sigma_{av}}{S_y} + K\dfrac{\sigma_r}{S_e} = \dfrac{1}{n}$

(二) 修正古德曼破壞理論（Modified Goodman Theory）

　　修正古德曼線為因應脆性材料之極限強度修正的方程式，如圖所示：

　　AB線段的修正古德曼方程式為：$\dfrac{\sigma_{av}}{S_u}+K\dfrac{\sigma_r}{S_e}=\dfrac{1}{n}$

　　S_u：材料極限強度

　　BC線段的修正古德曼方程式為：$\dfrac{\sigma_{av}}{S_y}+K\dfrac{\sigma_r}{S_e}=\dfrac{1}{n}$

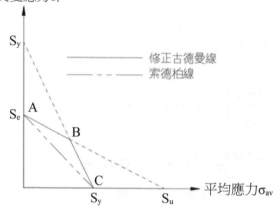

三 有一條單列滾子鏈（節距為12mm），其平均極限強度為10000N，單位長度之質量為0.6kg/m，用在齒數T＝15的主動輪上，當轉速為1000rpm時，其所傳送之最大動力為何？

解：鏈輪節徑$D=\dfrac{P}{\sin\dfrac{180°}{T}}=\dfrac{12}{\sin\dfrac{180°}{15}}=57.72mm=0.058m$

　　　　功率$\dot{W}=FV=FR\omega=10000\times\dfrac{0.058}{2}\times\dfrac{1000\times2\pi}{60}=30.37(kW)$

㈣ 彈簧可用在避震上，若一重100kg的質量受到一8Hz的震源影響，你要如何
設計彈簧方能達到避震的效果？

解： $N_A = N_B = \dfrac{100 \times 9.8}{2} = 490N$

$\sum F_y = 0 \rightarrow 490 + N_E \cos 30° = N_F \cos 30° \cdots(1)$

$\sum M_A = 0 \rightarrow N_E L = N_F \dfrac{L}{2} \cdots(2)$

解(1)、(2)得 $N_E = 565.8N$，$N_F = 1131.6N$

A點合成受力 $F_A = \sqrt{N_A{}^2 + f^2} = N_F - N_E = 1131.6 - 565.8 = 565.8N$

㈤ 一個結構由兩塊板子A及B鉚接而成，如圖所示，如只用三個排成全等三角
型的鉚釘（直徑均為d，三角形每邊長為b）來支持外力F，三角形之形心位
於A板之中心線及B板中心線之交點，其中心線$\overline{fg}$和$\overline{ce}$之夾角為θ。請找出鉚
釘受剪力大小之公式及最佳位置使其能承受最大外力F（設計時只考慮鉚釘
之剪力強度）。

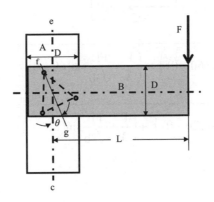

解：

橫向剪應力$F_v = \dfrac{F}{3}$

假設形心至1、2、3點之距離皆為R

$$R \times \sin 60° = \dfrac{b}{2} \rightarrow R = \dfrac{b}{\sqrt{3}}$$

$$T = FL = C \times (3 \times R^2) = Cb^2 \rightarrow C = \dfrac{FL}{b^2}$$

$$F_T = R \times C = \dfrac{b}{\sqrt{3}} \times \dfrac{FL}{b^2} = \dfrac{FL}{\sqrt{3}b}$$

$$F_1 = \sqrt{\left(\dfrac{FL}{\sqrt{3}b}\cos\theta\right)^2 + \left(\dfrac{F}{3} - \dfrac{FL}{\sqrt{3}b}\sin\theta\right)^2}$$

$$F_2 = \sqrt{\left(\dfrac{FL}{\sqrt{3}b}\cos(60-\theta)\right)^2 + \left(\dfrac{F}{3} - \dfrac{FL}{\sqrt{3}b}\sin(60-\theta)\right)^2}$$

$$F_3 = \sqrt{\left(\dfrac{FL}{\sqrt{3}b}\cos(120-\theta)\right)^2 + \left(\dfrac{F}{3} + \dfrac{FL}{\sqrt{3}b}\sin(120-\theta)\right)^2}$$

106年 普考

一 說明國際公差等級如何區分？如下圖之幾何公差標示說明所代表之意義，並請繪出該零件依公差繪出零件製作出來之範圍。

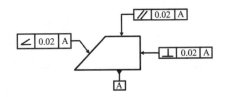

解：(一) 公差等級之區分：

　　1. IT01~IT4：高精密公差，用以製造量規與塊規。

　　2. IT5~IT10：機件配合用公差。

　　3. IT11~IT18：非配合用公差。

(二) 1. | ∥ | 0.02 | A |　平行度公差：此面需介於兩個與基準面A平行而相距0.02的平面之間

　　 2. | ⊥ | 0.02 | A |　垂直度公差：此面需介於兩個與基準面A垂直而相距0.02的平面之間

　　 3. | ∠ | 0.02 | A |　傾斜度公差：此面需介於兩個與基準面A相同傾斜角度而相距0.02的平面之間

範圍繪製如下圖

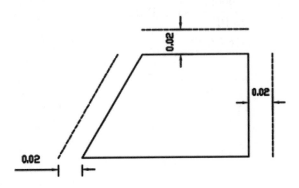

⊖ 如圖所示，請繪出A桿（直徑為10mm之圓柱）之
　剪力圖、彎矩圖。並找出其最大應力。圖中之圓
　圈表示為鉸接。尺寸單位：mm。

解：由靜力平衡方程式可得A桿之自由體圖與剪力彎矩
　　圖如下

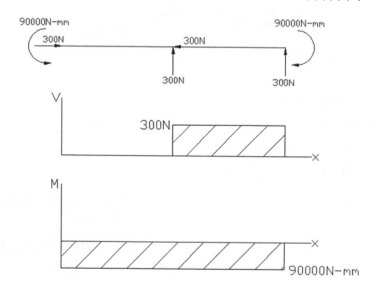

(一)橫向剪應力$\tau = \dfrac{4V}{3A} = \dfrac{4 \times 300}{3 \times \dfrac{\pi}{4} \times 10^2} = 5.09\text{MPa}$

(二)彎曲應力$\sigma = \dfrac{32M}{\pi d^3} = \dfrac{32 \times 90000}{\pi \times 10^3} = 916.73\text{MPa}$

兩者比較可得最大應力為916.73MPa

三 某螺旋彈簧的彈簧常數為500N-mm若要使用此類彈簧組合成一組彈簧能在1250N之負載下其變形只有1mm。你要如何設計此彈簧組？

解：彈簧設計如下圖

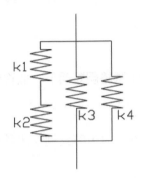

驗證：

$F = k_{total}\delta \rightarrow 1250 = k_{total} \times 1 = 1250N\text{-}mm \cdots (1)$

$k_1 = k_2 = k_3 = k_4 = 500N\text{-}mm$

$\dfrac{1}{k_{12}} = \dfrac{1}{k_1} + \dfrac{1}{k_2} = \dfrac{1}{500} + \dfrac{1}{500} = \dfrac{1}{250} \rightarrow k_{12} = 250N\text{-}mm$

$k_{total} = k_{12} + k_3 + k_4 = 250 + 500 + 500 = 1250N\text{-}mm$，結果與(1)式相同

四 一個平行傳遞動力之正齒輪系，大齒輪為40齒，小齒輪為20齒，若中心矩為600mm，試求各齒之：

(一) 節圓直徑。　　　　　　　　(二) 基節。

(三) 模數。　　　　　　　　　　(四) 周節。

解：(一) $C = \dfrac{M(T_1 + T_2)}{2} \rightarrow 600 = \dfrac{M(40 + 20)}{2} \rightarrow M = 20$

$D_{c1} = MT_1 = 20 \times 40 = 800mm \leftarrow$ 大齒輪節徑

$D_{c2} = MT_2 = 20 \times 20 = 400mm \leftarrow$ 小齒輪節徑

(二) 周節$P_c = \pi M = \pi \times 20 = 62.83mm$

　　$\therefore$基節$P_b = P_c \times \cos\phi = 62.83 \times \cos 20° = 59.04mm$

(三) 模數$M = 20$

(四) 周節$P_c = 62.83mm$

五 說明為何鏈輪組在鏈輪轉動時鏈條會抖動（試繪圖說明），並說明減少抖動的方法。

解：(一) 如下圖，由於主動輪與從動輪之轉速不均勻，導致鏈條傳動速率不一致，即$V_1 \neq V_2$，會使鏈條產生抖動。

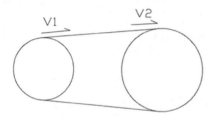

(二) 減少抖動的方法有：

　　1. 使用拉緊輪讓鏈條受力程度恰當，並確實做好潤滑工作。

　　2. 降低鏈輪轉速。

　　3. 更改鏈輪齒數或兩中心軸距離。

　　4. 轉速過高時，使用號數較小之鏈條。

106年 地特三等

一 有一樑之負荷狀態如下圖所示,求彈簧之彈性常數k,以使B點之彎矩為
0,假設樑的慣性矩(I)與彈性模數(E)的乘積EI為常數。

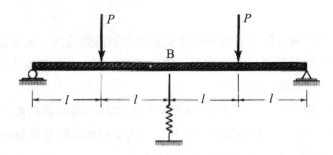

解: 取此樑之自由體圖如下圖,假設B點之彈簧力為F

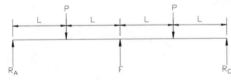

由靜力平衡方程式可得$R_A = R_C = P - F/2$

因此可得剪力彎矩圖如下

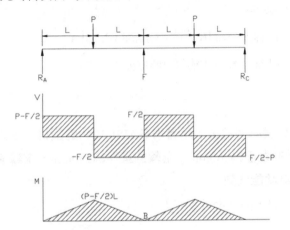

由於B點彎矩為$0 \to (P - \dfrac{F}{2})L - \dfrac{F}{2}L = 0 \to F = P$

利用彎矩面積法可得B點撓度$\delta_B = \dfrac{1}{EI} \times 2L \times \dfrac{PL}{2} \times \dfrac{1}{2} \times L = \dfrac{PL^3}{2EI}$

虎克定律$F = k\delta_B \to k = \dfrac{F}{\delta_B} = \dfrac{P}{\dfrac{PL^3}{2EI}} = \dfrac{2EI}{L^3}$

二 有一反應爐之壓力蓋以螺栓栓緊藉以密封高壓蒸氣，因為螺栓受到很大的應力，當反應爐打開30次後，螺栓就要換掉，但如果應力降低20%，螺栓使用壽命會達10,000次。

若螺栓抗拉強度（S_u）為1,080MPa，求應力必須低於多少，壽命才會達10,000次？（假設高轉速、低轉速軸向負荷疲勞限分別為$0.45S_u$、$0.75S_u$，並假設高轉速$= 10^6$，低轉速$= 1,000$）

解：Basquin Equation貝斯昆方程式

$A = \sigma L^B$

$A = (0.45 \times 1080) \times (10^6)^B \cdots (1)$

$A = (0.75 \times 1080) \times (10^3)^B \cdots (2)$

解(1)、(2)式可得$A = 1349.54$，$B = 0.0739$

∴貝斯昆方程式為$1349.54 = \sigma L^{0.0739}$

將$L = 10^4$代入上式，$1349.54 = \sigma (10^4)^{0.0739} \to \sigma = 683.25MPa$

∴應力須小於683.25MPa，壽命才能達10000次

三 一圓柱形飛輪壓配到實心圓柱上，兩者均為AISI-1040的鋼材，壓入配合的壓力為185MPa，軸的直徑為100mm，飛輪的直徑為550mm，求轉速達多少時會使得壓配的設計功能失效？

（AISI-1040鋼材$v = 0.3$，$\rho = 7,850kg/m^3$）

具轉動效應之徑向應力與圓周應力一般公式分別如下：

$$\sigma_r = \frac{(3+v)}{8}\rho\omega^2(r_i^2 + r_o^2 - \frac{r_i^2 r_o^2}{r^2} - r^2)$$

$$\sigma_\theta = \frac{(3+v)}{8}\rho\omega^2(r_i^2 + r_o^2 - \frac{r_i^2 r_o^2}{r^2} - \frac{(1+3v)}{(3+v)}r^2)$$

解：飛輪的孔與實心圓柱軸之配合處$r=r_i$

$$\therefore \sigma_r = \frac{(3+v)}{8}\rho\omega^2(r_i^2 + r_o^2 - \frac{r_i^2 r_o^2}{r^2} - r^2) = 0$$

因此僅需考慮σ_θ

$$\sigma_\theta = \frac{(3+v)}{8}\rho\omega^2(r_i^2 + r_o^2 + \frac{r_i^2 r_o^2}{r^2} - \frac{1+3v}{3+v}r^2)$$

$$= \frac{(3+v)}{8}\rho\omega^2(r_i^2 + r_o^2 + \frac{r_i^2 r_o^2}{r^2} - \frac{1+3v}{3+v}r_i^2)$$

$$= \frac{3+0.3}{8}\times 7850 \times \omega^2(0.05^2 + 0.275^2 + 0.275^2 + \frac{1+3\times0.3}{3+0.3}\times 0.05^2)$$

$$= 185 \times 10^6$$

可解得轉速$\omega = 612.48$rad/s$= 5848.72$rpm

（四）有一定時皮帶用於高速渦輪機和飛輪間傳動功率。此定時皮帶長750mm重180g。皮帶之最大容許力為2,000N，渦輪機和飛輪的轉速相同均為5,000rpm。計算產生最大傳動功率的最佳皮帶輪直徑。

解：由於題目並未給定皮帶輪摩擦係數，因此設摩擦係數$\mu=0.3$

$$F_1 + F_2 = 2000 \rightarrow F_2 = 2000 - F_1$$

皮帶單位長度質量$m = \frac{0.18}{0.75} = 0.24$kg/m

由於渦輪機與飛輪轉速相同，因此由速度比關係式可知此2皮帶輪之外徑相同，故接觸角$\beta = 180° = \pi$ rad

$$\frac{F_1-mv^2}{F_2-mv^2}=e\mu^\beta \rightarrow \frac{F_1-mv^2}{(2000-F_1)-mv^2}=e^{0.3\pi}=2.57$$

整理可得$F_1=-0.1055v^2+1439.78$

功率$\dot{W}=(F_1-F_2)v=[F_1-(2000-F_1)]v=(2F_1-2000)v=-0.211v^3+879.56v$

令$\dfrac{d\dot{W}}{dv}=0 \rightarrow -0.633v^2+879.56=0 \rightarrow v=37.28m/s$

$r=\dfrac{v}{\omega}=\dfrac{37.28}{\dfrac{5000\times2\pi}{60}}=0.0712m=7.12cm$

直徑$d=2\times7.12=14.24cm$

106年 地特四等

一 一軸孔配合為$\phi40H7/r6$，已知IT7公差為25μm、IT6公差為16μm，且軸之下
偏差為0.034mm。試求此配合的最大干涉及最小干涉。

解： 由題意可知，孔下偏差為0mm，上偏差為0.025mm，而軸下偏差為
0.034mm，上偏差為0.05mm。

因此，最大干涉＝孔下偏差－軸上偏差＝0－0.05＝－0.05mm

最小干涉＝孔上偏差－軸下偏差＝0.025－0.034＝－0.009mm

二 如圖所示之行星齒輪系，齒數分別為太陽輪40
齒、行星輪20齒及環齒輪80齒。若輸入的環齒輪
轉速為100rpm（順時針）、太陽輪轉速為100rpm
（順時針），試求輸出的托架之轉速與方向。

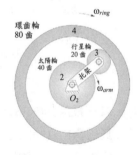

解： $\dfrac{N_4-N_m}{N_2-N_m}=(-\dfrac{T_2}{T_3})(+\dfrac{T_3}{T_4})\rightarrow\dfrac{0-N_m}{100-N_m}=(-\dfrac{40}{20})(+\dfrac{20}{80})$

得輸出托架之轉速$N_m=+100rpm=100rpm$(順時針)

三 如圖所示之具偏位量之曲柄滑塊機構，曲柄AB可做360°旋轉且桿長為r_2、
桿BC長度為r_3、偏位量AO為e。試以r_2、r_3及e，推導滑塊的衝程（stroke）。

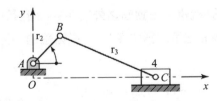

解： 滑塊於衝程之右死點位置為 $r_2 + \sqrt{r_3^2 - e^2}$

滑塊於衝程之左死點位置為 $\sqrt{r_3^2 - e^2} - r_2$

衝程＝右死點位置－左死點位置 ＝ $(r_2 + \sqrt{r_3^2 - e^2}) - (\sqrt{r_3^2 - e^2} - r_2) = 2r_2$

㊃ 有一直徑為20mm之實心鋼軸，連接之輸入馬達功率為5kW，轉速為200rpm，若此鋼材之降伏強度為$S_y = 390$MPa，試依據最大剪應力破壞理論計算其安全係數。

解： $\dot{W} = T\omega \rightarrow 5000 = T \times \dfrac{200 \times 2\pi}{60} \rightarrow$ 扭矩T＝238.73N-m

$\tau_{max} = \dfrac{16T}{\pi d^3} = \dfrac{16 \times 238.73}{\pi \times 0.02^3} = 151.98$MPa

安全係數n＝$\dfrac{S_Y}{2 \times \tau_{max}} = \dfrac{390}{2 \times 151.98} = 1.28$

㊄ 有一長度100mm之金屬圓棒，材料性質為：熱膨脹係數$\alpha = 18 \times 10^{-6}/°C$，楊氏係數E＝180GPa。若溫度由室溫20°C緩慢下降至－20°C，假設圓棒溫度為均勻分布，且圓棒兩端受拘束而無法自由伸展，計算圓棒之熱應力。

解： $\varepsilon = \alpha \Delta T = 18 \times 10^{-6} = [20 - (-20)] = 7.2 \times 10^{-4}$

$\sigma = E\varepsilon = 180 \times 10^9 \times 7.2 \times 10^{-4} = 129.6$MPa

㊅ 一組皮帶輪傳動機構，主動輪之外徑為30cm且轉速為1000rpm，若帶厚為0.5cm，且接觸面之滑動損失為3%，從動輪的外徑為40cm，試求從動輪轉速為多少？

解： $\dfrac{n_1(1 - x\%)}{n_2} = \dfrac{D_2 + t}{D_1 + t} = \dfrac{n_1(1 - 3\%)}{n_2} = \dfrac{40 + 0.5}{30 + 0.5}$　∴從動輪轉速$n_2 = 730.49$rpm

107年 中華郵政

一 作為適任的機械設計工作者需要某些基礎觀念與認知，請簡要回答下列問題：

(一) 何謂結構（structure）、機構（mechanism）與機器（machine）？其間的關係為何？

(二) 何謂機器元件（machine element）與機器系統（machine system）？

(三) 設計某個適用的機器元件，其基本步驟為何？

(四) 在機器工作的運轉中，如何判斷某機器元件是失效（failed）的？

解：(一) 結構：利用一個多數單元的構件達成一種型式的組合，小到一個分子結構，大到一座橋樑(橋樑結構)或建築物(建築結構)。

　　　 機構：將元件以特定的接頭和方式組合，依照這個組合所形成的限制，強迫其它機件產生確定的相對運動。

　　　 機器：機構加上動力系統及控制系統之總成。

　　　 其間的關係由小架構至大架構為：結構　機構　機器

(二) 機器元件：如齒輪、鏈輪、軸、軸承等構成機器系統的零件謂之元件。

　　　 機器系統：由各種機構元件組裝後，加上動力系統及控制系統之總成。

(三) 確認使用端需求→制定安全係數→確認所需應力強度→選擇適當材料→繪圖設計。

(四) 1. 用破壞或非破壞檢測方式觀察是否有疲勞破壞跡象。

　　　 2. 將該元件另行更換新品，若更換後機器能恢復正常運轉，即可判定該元件失效。

二 有個圓形截面的懸臂桿結構，其自由端承
受扭力T（N-m）及垂直於軸的橫向力P
（N），如圖所示。該桿的材質是延性材
料，降伏強度（yield stress）S_y為350MPa。該
桿結構設計所用安全因子（safety factor）為
3。設計時考慮的關鍵部位（critical section）

其主應力（principal stresses）已算出分別為$\dfrac{3135}{d^3}$Pa、0、$\dfrac{83}{d^3}$Pa，其中桿直
徑d的單位是公尺（m）。

(一) 於該受力桿結構的機械設計問題中，其關鍵部位是否為圖中的A處？
　　請說明是A處或不是A處的理由？並根據題意寫出關鍵部位的應力狀態
　　（stress state）。

(二) 採用最大剪應力設計準則（MSST），該桿的最小直徑d需設計成若干
　　mm？

提示：$\tau_{max}=\dfrac{\sigma_1-\sigma_3}{2}$ ， $\tau_{max}\leq\dfrac{S_y}{2n_s}$

解：(一) 1. 是A處

　　　 2. A處所承受之應力狀態分析：

　　　　　彎曲應力$\sigma_M=\dfrac{32PL}{\pi d^3}(\rightarrow)$，為拉應力

　　　　　扭轉剪應力$\tau_T=\dfrac{16T}{\pi d^3}$(逆時針方向)

　　　　　假設B處為圓桿表面之中性軸處，B處所承受之應力狀態分析：

　　　　　橫向剪應力$\tau_T=\dfrac{4P}{3A}$(順時針方向)

　　　　　扭轉剪應力$\tau_T=\dfrac{16T}{\pi d^3}$(逆時針方向)

　　　　　$\therefore\tau_T=\dfrac{4P}{3A}-\dfrac{16T}{\pi d^3}$

　　　　　因此可看出關鍵部位為A處

(二) $\tau_{max} = \dfrac{\sigma_1 - \sigma_3}{2} = \dfrac{1}{2}(\dfrac{3185+83}{d^3}) = \dfrac{1609}{d^3}$

$\tau_{max} \le \dfrac{S_y}{2n_s} \rightarrow \dfrac{1609}{d^3} \le \dfrac{350 \times 10^6}{2 \times 3} \rightarrow d \ge 0.03021m = 30.21mm$

三 參考表1及表2，設一孔及軸直徑45mm以公差符號基孔制（Basic Hole System）餘隙（Clearance）配合，當孔直徑之公差以國際標準IT（ISO Tolerance）8級設計，軸直徑設計以IT7級公差配合之，請寫出下列孔及軸之直徑及其公差值：

(一) 孔直徑及其公差值。　　　　　(二) 軸直徑及其公差值。

表一 常用基孔制配合

基孔	軸 之 種 類 及 等 級																
	留隙（餘隙）配合							過渡配合			過盈（干涉）配合						
	b	c	d	e	f	g	h	js	k	m	n	p	r	s	t	u	x
H5						4	4	4	4	4							
H6						5	5	5	5	5							
					6	6	6	6	6	6	6(2)	6(2)					
H7				(6)	6	6	6	6	6	6	6	6(2)	6	6	6	6	6
				7	7	(7)	7	7	(7)	(7)	(7)	7(2)	(7)	(7)	(7)	(7)	(7)
H8					7		7										
				8	8		8										
			9	9													
H9				8	8		8										
		9	9	9			9										
H10	9	9	9														

表二 常用配合軸之尺度公差值(1/2)

單位μ=0.001mm

尺度之區分 (mm)	b9	c9	d8	d9	e7	e8	e9	f6	f7	f8	g4	g5	g6	h4	h5	h6	h7	h8	h9
3(含)以下	−140	−60	−20		−14			−6			−2			0					
	−165	−85	−34	−78	−24	−28	−29	−12	−16	−20	−5	−6	−8	−3	−4	−6	−10	−14	−25
3以上 6(含)以下	−140	−70	−30		−20			−10			−4			0					
	−170	−100	−48	−60	−32	−38	−50	−18	−22	−28	−8	−9	−12	−4	−5	−8	−12	−18	−30
6以上 10(含)以下	−150	−80	−40		−25			−13			−5			0					
	−186	−116	−62	−76	−40	−47	−61	−22	−28	−35	−9	−11	−14	−4	−6	−9	−15	−22	−36
10以上 14(含)以下 14以上 18(含)以下	−150	−95	−50		−32			−16			−6			0					
	−193	−138	−77	−93	−50	−59	−75	−27	−34	−43	−11	−14	−17	−5	−8	−11	−18	−27	−43
18以上 24(含)以下 24以上 30(含)以下	−160	−110	−65		−40			−20			−7			0					
	−212	−162	−98	−117	−61	−73	−93	−33	−41	−53	−13	−16	−20	−6	−9	−13	−21	−33	−52
30以上 40(含)以下	−170	−120	−80		−50			−25			−9			0					
	−232	−182																	
40以上 50(含)以下	−180	−130	−119	−142	−75	−89	−112	−41	−50	−64	−16	−20	−25	−7	−11	−16	−25	−39	−62
	−242	−192																	

解：(一) 孔直徑為45mm。

題目漏給孔之IT公差表，經查IT公差表，可知IT8之公差為39μm=0.039mm。

(二) 軸直徑為45mm。

由表2可知基本尺度40~50mm之f7公差=50μm=0.050mm。

四 如圖有一對正齒輪配合，齒數如圖中所示，壓力角為20度，當模數 M（Module）為3mm時，請計算及回答下列問題：【參考資料： $\cos 20° = 0.9397$，$\sin 20° = 0.3420$，$\tan 20° = 0.3640$】

(一) 大齒輪的節圓直徑為多少mm？
(二) 大齒輪的齒頂圓直徑為多少mm？
(三) 大齒輪的基圓直徑為多少mm？
(四) 兩齒輪的中心距離應為多少mm？

解：(一) 依圖計數大齒輪與小齒輪齒數

　　　　大齒輪齒數T_1：30齒

　　　　小齒輪齒數T_2：20齒

　　　　大齒輪節圓直徑$D_{c1} = MT_1 = 3 \times 30 = 90mm$

(二) 大齒輪齒頂圓直徑$D_{o1} = D_{c1} + 2h_a = 90 + 2 \times 3 = 96mm$

(三) 大齒輪齒基圓直徑$D_{b1} = D_{c1} \times \cos\phi = 90 \times \cos 20° = 84.57mm$

(四) 中心距$C = \dfrac{M(T_1 + T_2)}{2} \rightarrow 120 = \dfrac{3(30 + 20)}{2} = 75mm$

107年 台灣菸酒

一 熔接是以局部加熱的方式使兩金屬面接合的一種方法。若已知填角熔接（filletweld）的負荷P與喉部面積之平均剪應力之關係為P＝0.707，如圖所示，所有熔接為8mm填角熔接，熔接金屬降伏強度為38.5MPa，安全因數為4，試求負荷P之值。

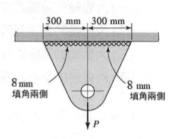

解：$n=\dfrac{\sigma_{yp}}{\sigma_t} \to 4=\dfrac{38.5}{\tau_{allow}}$

因此剪應力$\tau_{allow}=9.625$MPa

$\tau_{allow}=\dfrac{P}{0.707 \times h \times L} \to 9.625=\dfrac{P}{0.707 \times 8 \times (2 \times 300 \times 2)}$

得P＝65.33kN

二 有一圓球形壓力容器，內部壓力經量測在100～500psi間承受變動負荷，該容器半徑為30in，材料之$\sigma_{yp}=90$ksi，$\sigma_e=90$ksi，若安全因數為3，請利用圖所示之材料疲勞破壞線，求容器之厚度t。

提示：$=\dfrac{k\sigma_r}{\sigma_e}=\dfrac{\sigma_{av}}{\sigma_{yp}}=\dfrac{1}{n}$（Soderberg破壞線方程式）

解：$n=\dfrac{\sigma_{yp}}{\sigma_{allow}} \to 3=\dfrac{90 \times 1000}{\sigma_{allow}} \to \sigma_{allow}=30000$psi

球形壓力容器$\sigma_{allow}=\dfrac{P_{max}r}{2t} \to 30000=\dfrac{500 \times 30}{2 \times t} \to$ 容器厚度t＝0.25in

三 一汽車的後輪支撐設計與尺寸如下圖所示，扭力桿（TorsionBar）以軸承支撐，扭力桿直徑28mm，當車輪承受的力2500N垂直於紙面：

(一) 求軸承處扭力桿承受的力矩M（N-m）。

(二) 求軸承處扭力桿承受的扭矩T（N-m）。

(三) 材料降伏強度280MPa求扭力桿的安全係數。

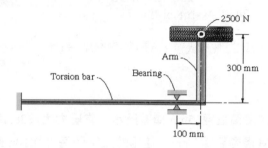

解：(一) $M = 2500 \times \dfrac{100}{1000} = 250\text{N-m}$

(二) $T = 2500 \times \dfrac{300}{1000} = 750\text{N-m}$

(三)

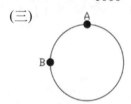

1. 分析A點

彎曲應力 $\sigma_M = \dfrac{32M}{\pi d^3} = \dfrac{32 \times 250}{\pi \times 0.028^3} = 116\text{MPa}(\rightarrow)$拉應力

扭轉剪應力 $\tau_T = \dfrac{16T}{\pi d^3} = \dfrac{16 \times 750}{\pi \times 0.028^3} = 174\text{MPa}(\uparrow)$

主應力 $\sigma_{1,2} = \dfrac{16+0}{2} \pm \sqrt{\left(\dfrac{116-0}{2}\right)^2 + 174^2} = 241.41\text{MPa}$或$-125.41\text{MPa}$

最大剪應力 $\tau_{max} = \sqrt{\left(\dfrac{116-0}{2}\right)^2 + 174^2} = 183.41\text{MPa}$

2. 分析B點

橫向剪應力 $\tau_V = \dfrac{4V}{3A} = \dfrac{4 \times 2500}{3 \times \dfrac{\pi \times 0.028^2}{4}} = 5.4\text{MPa}(\downarrow)$

扭轉剪應力 $\tau_T = \dfrac{16T}{\pi d^3} = \dfrac{16 \times 750}{\pi \times 0.028^3} = 174\text{MPa}(\uparrow)$

$\therefore \tau = 174 - 5.4 = 168.6\text{MPa}$

綜合A與B之應力狀態，A點為關鍵點 $\rightarrow n = \dfrac{S_y}{\sigma_{allow}} = \dfrac{280}{241.41} = 1.16$

四 一限壓閥的滑筒直徑15mm如圖所示，當壓力大於2bar時開始洩壓，於6bar時全開，其滑動距離5mm，使用的壓縮彈簧外徑10mm，線徑2mm，圈數18，材料抗拉強度為1.27GPa。

註：彈簧指數（spring index）：$C = \dfrac{D_m}{d}$，

曲率修正因數（Wahl factor）：

$K_w = \dfrac{4C-1}{4C+4} + \dfrac{0.65}{C}$

$1\text{bar} = 10^5 \text{N/m}^2$

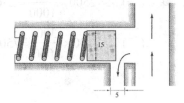

(一) 請問彈簧常數k？

(二) 請問彈簧未受力時的最小自由長度L（mm）？

(三) 請問彈簧最大剪應力？

(四) 請問彈簧安全係數s？

解：(一) $\sum F = k\Delta x (6-2) \times 10^5 \times \dfrac{\pi \times 0.015^2}{4} = k \times 0.005 \rightarrow k = 14137.17\text{N/m}$

(二) 彈簧未受力時之最小自由長度即為彈簧總長度

總長度 $L = 2\pi R_m N = 2 \times \dfrac{0.01-0.002}{2} \times 18 = 0.4523\text{m} = 45.23\text{cm}$

(三) $D_m = 0.01 - 0.002 = 0.008m$

$$C = \frac{D_m}{d} = \frac{8}{2} = 4$$

$$K_w = \frac{4C-1}{4C+4} + \frac{0.65}{C} = \frac{4 \times 4 - 1}{4 \times 4 + 4} + \frac{0.65}{4} = 0.9125$$

最大剪應力 $\tau = K_w \dfrac{8FD_m}{\pi d^3}$

$$= 0.9125 \times \frac{8 \times (14137.17 \times 0.005) \times 0.008}{\pi \times 0.002^3} = 0.164GPa$$

(四) 安全係數 $s = \dfrac{S_y}{\tau} = \dfrac{1.25}{0.164} = 7.62$

107年 高考三級

一　懸臂圓柱長度50mm，直徑60mm
如圖所示，一端以全周焊固定
在機體結構，焊股（leg）尺寸
h＝5mm，自由端受橫向集中負
荷F＝24kN及受扭矩T＝3kN·m之
作用，求焊道喉部之：

(一) 橫向集中負荷造成之直接剪
　　 應力。

(二) 彎矩造成之剪應力。

(三) 扭矩造成之剪應力。

(四) 在喉部的最大剪應力。

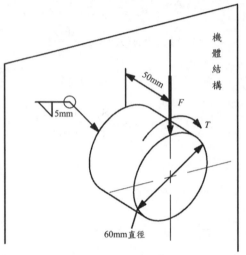

補充公式：圓形（半徑為r）全周焊喉部單位二次面積矩$I_u＝\pi r^3$。

解：(一) $\tau_v＝\dfrac{4V}{3A}＝\dfrac{4 \times 24 \times 1000}{3 \times \dfrac{\pi \times 60^2}{4}}＝11.32\text{MPa}$

(二) $\sigma_M＝\dfrac{32M}{\pi d^3}＝\dfrac{32 \times 24 \times 1000 \times 50}{\pi \times 60^3}＝56.69\text{MPa}$

(三) $\tau_T＝\dfrac{16T}{\pi d^3}＝\dfrac{16 \times 3 \times 1000 \times 1000}{\pi \times 60^3}＝70.74\text{MPa}$

(四) 彎曲應力$\sigma_M＝\dfrac{4PL}{0.707 h \pi d^2}＝\dfrac{4 \times 24 \times 1000 \times 50}{0.707 \times 5 \times \pi \times 60^2}＝120\text{MPa}$

橫向剪應力$\tau_P＝\dfrac{P}{0.707 h \pi d^2}＝\dfrac{24 \times 1000}{0.707 \times 5 \times \pi \times 60^2}＝36\text{MPa}$

$\tau_{max}＝\sqrt{\left(\dfrac{\sigma_M}{2}\right)^2＋\tau_P^2}＝\sqrt{\left(\dfrac{120}{2}\right)^2＋36^2}＝69.97\text{MPa}$

● 實心圓柱懸臂樑外徑5mm，長度為20mm，在樑自由端受橫向負荷100N，剖面圓心受縱向拉力負荷2,500N，還有扭矩7.2N-m之作用，求：

(一) 橫向負荷在樑固定端之最大正向應力。

(二) 扭矩作用之最大剪應力。

(三) 在固定端最糟應力位置之主應力。

(四) 選用材料之降伏剪強度為580MPa，使用最大剪應力損壞理論，求安全係數。

解：(一) $\sigma_M = \dfrac{32M}{\pi d^3} = \dfrac{32 \times 100 \times 20}{\pi \times 5^3} = 162.97$MPa

(二) $\tau_T = \dfrac{16T}{\pi d^3} = \dfrac{16 \times 7.2 \times 1000}{\pi \times 5^3} = 293.35$MPa

(三)

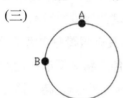

A點受到的應力分析

$\sigma_A = (\sigma_A)_P + (\sigma_A)_M = \dfrac{2500}{\dfrac{\pi}{4} \times 5^2} + 162.97 = 290.29$MPa

$\tau_A = (\tau_A)_T = 293.35$MPa

$(\tau_A)_{max} = \sqrt{\left(\dfrac{\sigma_A}{2}\right)^2 + \tau_A{}^2} = \sqrt{\left(\dfrac{290.29}{2}\right)^2 + 293.35^2} = 327.29$MPa

$(\sigma_A)_{1,2} = \dfrac{290.29}{2} \pm 327.29 = 472.44$MPa、$-182.15$MPa

B點受到的應力分析

$\sigma_B = (\sigma_B)_P = \dfrac{2500}{\dfrac{\pi}{4} \times 5^2} = 127.32$MPa

$\tau_B = (\tau_B)_T + (\sigma_B)_V = 293.35 + \dfrac{4 \times 100}{3 \times \dfrac{\pi}{4} \times 5^2} = 300.14$MPa

$$(\tau_B)_{max} = \sqrt{(\frac{\sigma_B}{2})^2 + \tau_B^2} = \sqrt{(\frac{127.32}{2})^2 + 300.14^2} = 306.82MPa$$

$$(\sigma_B)_{1,2} = \frac{127.32}{2} \pm 306.82 = 370.48MPa、-243.16MPa$$

由上述之分析無論是從主應力或最大剪應力皆可看出，最糟位置為A點，其主應力為472.44MPa、-182.15MPa

(四) 最大剪應力理論，安全係數$n = \dfrac{S_Y}{2\tau_{max}} = \dfrac{580}{2 \times 327.29} = 0.89$

三 一元件使用材料的性質：旋轉樑疲勞試驗之忍耐限$S'_e = 250MPa$，降伏值$S_y = 400MPa$，抗拉極限強度$S_{ut} = 500MPa$，其製成的元件，在使用環境、負荷條件、元件設計影響因素、製作完工狀態及其他雜項之忍耐限總修正因數$k_1 = 0.8$，可靠度99.9%之修正因數$k_2 = 0.753$，其有限壽命之疲勞強度S_f與忍耐限具有相同之修正因數，且疲勞強度與元件之壽命循環數之關係為$S_f = aN^b$，當$S_f = S_y$時，其壽命循環數為1,000 cycles，當$S_f = S_e$時，將元件之壽命循環數對應為10^6 cycles，此元件的臨界點受到正向應力σ_x從-100MPa至100MPa，以及剪應力τ_{xy}從100MPa至200MPa的作用，其他應力值為0。

(一) 求von Mises應力之平均值及幅值。

(二) 使用von Mises應力，根據修正的Goodman動負荷損壞理論，求元件壽命等效應力幅值。

(三) 求係數a及指數b。

(四) 根據von Mises應力及修正的Goodman為準則，代入有限壽命疲勞強度公式，求預期壽命。

補充公式　von Mises應力：$\sigma_{vM} = \sqrt{\sigma_x^2 + 3\tau_{xy}^2}$；

修正Goodman準則：$\dfrac{\sigma_a}{S_e} + \dfrac{\sigma_m}{S_{ut}} = 1$

解：(一) $\sigma_{vM1}=\sqrt{(-100)^2+3\times100^2}=200\text{MPa}$

$\sigma_{vM2}=\sqrt{100^2+3\times200^2}=360.56\text{MPa}$

von Mises應力平均值$\sigma_m=\dfrac{360.56+200}{2}=280.28\text{MPa}$

von Mises應力平均值$\sigma_a=\dfrac{360.56-200}{2}=80.28\text{MPa}$

(二) 修正古德曼準則

$k_1k_2\dfrac{\sigma_a}{S_e}+\dfrac{\sigma_m}{S_{ut}}=1\rightarrow0.8\times0.753\times\dfrac{\sigma_a}{250}+\dfrac{280.28}{500}=1$

$\sigma_a=182.37\text{MPa}$

(三) $400=a\times(10^3)^b\cdots(1)$

$250=a\times(10^6)^b\cdots(2)$

$a=639.82$，$b=-0.068$

(四) $S_f=639.82N^{-0.068}$

$500=639.82N^{-0.068N}=37.57\text{cycles}$

四 如圖所示帶式輸送機之捲胴直徑D＝500mm，輸送帶之工作拉力 F＝10,000N，所需速度v＝0.5m/s，選擇的三相八極感應馬達，其滿載轉速 為850rpm，須考慮傳動效率。

(一) 求所需馬達之功率。

(二) 減速機一級大、小齒輪齒數分別為69及18，二級大、小齒輪齒數分別 為93及25，則大小皮帶輪標準直徑比應選為多少？

(三) 求一級減速輸入軸所受之轉矩。

(四) 求中間軸所受之轉矩。

傳動效率：皮帶傳動η_b＝0.95，一級減速輸入軸傳動η_1＝0.98，中間級傳動 η_i＝0.95，減速二級輸出傳動η_2＝0.97，捲胴傳動η_r＝0.96。

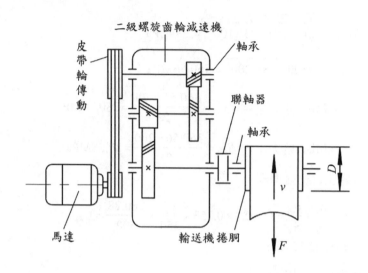

解：(一) $\dot{W}\times\eta_b\times\eta_1\times\eta_i\times\eta_2\times\eta_r=Fv$

$\dot{W}\times0.95\times0.98\times0.95\times0.97\times0.96=10000\times0.5\rightarrow\dot{W}=6070.91W$

(二) $\dfrac{0.5/0.25}{\omega_1}=(-\dfrac{18}{69})(-\dfrac{25}{93})\rightarrow\omega_1=28.52\text{rad/s}$

$\dfrac{D_\text{大}}{D_\text{小}}=\dfrac{\dfrac{850\times2\pi}{60}}{28.52}=3.12$

(三) $\dot{W}\times\eta_b\times\eta_1=T_1\times\omega_1$

$\rightarrow T_1=\dfrac{\dot{W}\times\eta_b\times\eta_1}{\omega_1}=\dfrac{6070.91\times0.95\times0.98}{28.52}=198.18\text{N-m}$

(四) $\dfrac{\omega_2}{\omega_1}=\dfrac{Z_1}{Z_2}\rightarrow\dfrac{\omega_2}{28.52}=\dfrac{18}{69}$，$\omega_2=7.44\text{rad/s}$

$\dot{W}\times\eta_b\times\eta_1=T_2\times\omega_2$

$\rightarrow T_2=\dfrac{\dot{W}\times\eta_b\times\eta_1\times\eta_2}{\omega_2}=\dfrac{6070.91\times0.95\times0.98\times0.95}{7.44}=721.69\text{N-m}$

五 使用三相交流異步感應馬達帶動離心式水泵，其體積流量$Q=150m^3/hr$，揚程及損失水頭$H=68m$，泵體積效率為80%，馬達以聯軸器直接傳動水泵，傳動效率為97.5%，水的質量密度為$1,000kg/m^3$。

(一) 求負載功率。

(二) 根據下表馬達之技術數據選擇最適當之型號。

(三) 馬達轉速隨負載轉矩增大而降低，從同步轉速至額定值，轉速與轉矩成線性之關係，求選擇之馬達驅動此泵工作時的轉矩。

(四) 求選擇的水泵所需的體積排量（m^3/rev）。

馬達型號	額定功率（kW）	轉速（rpm）
160M1-2	11	3,520
160M2-2	15	3,520
160L-2	18.5	3,530
180M-2	22	3,530
200L1-2	30	3,540
200L2-2	37	3,540
225M2	45	3,550
250M-2	55	3,560
280S-2	75	3,560
280M-2	90	3,560

解：(一) $L_w=\gamma QH=9810\times\dfrac{150}{3600}\times68=27795W$

$L=\dfrac{L_w}{\eta}=\dfrac{27795}{0.8\times0.975}=35634.62W=35.63kW$

(二) 依表選擇200L2-2

(三) $\dot{W}=T\omega \rightarrow 37\times10^3=T\times\dfrac{3540\times2\pi}{60}\rightarrow T=99.81N\text{-}m$

(四) $\dfrac{Q}{N}=\dfrac{\dfrac{150}{60}}{3540}=7.06\times10^{-4}m^3/rev$

107年 普考

一　一螺旋彈簧如圖所示尚未完成製圖的尺寸及精度標註，此彈簧線徑4mm，
自由高度75±0.1mm，外徑34mm，總圈數N＝8.5，有效圈數N_a＝6.5，兩端
平口且研磨。

(一) 求壓實高度。　　　　　　　　　　(二) 求節距p。

(三) 此彈簧受軸向力292N作用時，長度被壓縮至55mm，求彈簧常數，以及
作用軸向力為525N時，求彈簧長度。

(四) 兩研磨端面之完工粗糙度被要求上限為12.5μm，則應在圖中小括號內
的精度如何標註？

(五) 兩端面同樣以外徑34mm之軸線為基準的垂直度誤差不超過1.8mm，在
圖中右下端幾何精度的標註？

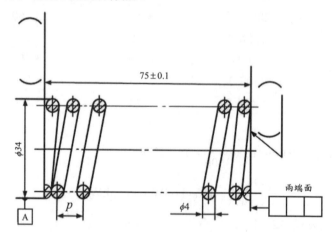

解：(一) 壓實長度$L_s＝N_t×d＝8.5×4＝34$mm

(二) 自由長度$L_0＝p(N_{eff}×1)→75＝p(6.5+1)→p＝10$mm

(三) $292＝k(75-55)→k＝14.6$N-mm　　$525＝14.6×(75-x)→x＝39$mm

(四) 12.5▽

(五) ⊥ 1.8 A

二 轉速3,000rpm，設計壽命為30,000小時，軸承所受徑向負荷為2,150N，求：

(一) 所選擇的軸承，在壽命期間可靠度為0.9之基本動額定負荷C_{10}（basic dynamic load rating，或稱為動容量dynamic capacity）須至少為多少？

(二) 固定的軸承負荷作用在相同的一.軸承時，隨著運轉數增加，逐漸增加損壞數，未損壞的比例為可靠度R到達額定壽命10^6rev時，損壞數占10%，此時的可靠度為0.9，軸承可靠度與壽命轉數的關係為

$R=\exp[-(\dfrac{x-0.02}{4.439})^{1.483}]$，其中$x=\dfrac{L}{10^6}$壽命數比值，基本動額定負荷之可靠度修正係數$a_R$，使所需的基本動額定負荷$C_R=a_RC_{10}$，其中$C_{10}$為R=0.9的基本動額定負荷，求$a_R$與R之關係式。

(三) 設計要求軸承在壽命期間R=0.99時，試求前述軸承條件所需選擇至少的基本動額定負荷。（4分）

補充公式及說明：可靠度R=90%之負荷－壽命公式，$F^3L=$常數

　　　　　　　基本動額定負荷對應10^6次（revolution）的額定壽命（ratinglife）

解：(一) $\dfrac{30000\times60\times3000}{10^6}=(\dfrac{C_{10}}{2150})^3\rightarrow C_{10}=37719.83N$

(二) $R=\exp[-(\dfrac{5400a_R^{\ 3}-0.02}{4.439})^{1.483}]$

(三) $0.99=\exp[-(\dfrac{\dfrac{L}{10^6}-0.02}{4.439})^{1.483}]\rightarrow\dfrac{L}{10^6}=0.2196$

$0.2196=(\dfrac{C_{10}}{2150})^3\rightarrow C=1297.12N$

三 如圖所示的齒輪軸作成方栓鍵及鍵槽，矩形方栓鍵（花鍵）B-B剖面圖上，請回答下列問題：

(一) 標註的三個幾何精度，分別是什麼意義？

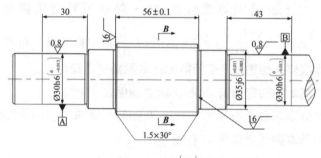

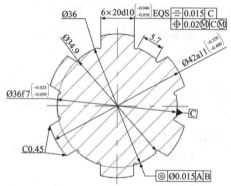

(二) 左側下方標註的C045指的是什麼？

(三) 以標示在花鍵上的尺寸公差及幾何精度，可以判斷控制迴轉精度採用的是外徑定心或內徑定心或側面定心？理由是什麼？

(四) 根據標註的尺寸公差，輪殼與軸的結合是滑動還是固定？理由是什麼？

解：(一) $\boxed{=\ |0.015|\ C}$

　　　　以C面為基準，對稱度公差為0.015mm以內

　　　$\boxed{\oplus\ |0.02\text{Ⓜ}|\text{C}\text{Ⓜ}}$

　　　　以C面為基準，位置度公差為0.02mm以內

　　　$\boxed{\odot\ |\varnothing 0.015|\text{A}|\text{B}}$

　　　　以A、B面為基準，同心度公差為直徑0.015mm以內

　(二) 倒角：半徑0.45mm

(三) 1. 外徑定心

　　2. 因為以A與B外徑為基準定義同心度

(四) 1. 滑動

　　2. 由花鍵B-B剖面圖可看出，公差之上偏差與下偏差皆為負值，為餘隙配合。

四 旋轉軸的（rotating shaft）的臨界點（應力最糟的位置，最易產生疲勞損壞的位置），受到彎矩$M=125N\cdot m$，以及扭矩$T=80N\cdot m$之作用，採用的軸材料具有降伏強度$S_y=560MPa$，抗疲勞之忍耐限$S_e=210MPa$，此位置拉應力之應力集中因數為$K_f=2.2$，剪應力之應力集中因數$K_{fs}=1.8$，使用von Mises應力強度：$\sigma_{vM}=\sqrt{\sigma_x^2+3\tau_{xy}^2}$，安全係數定為2，使用ASME橢圓限界破壞準則：$(\frac{n\sigma_a}{S_e})^2+(\frac{n\sigma_m}{S_e})^2=1$，求所需最小直徑。

解： $\dfrac{S_y}{\sigma_{vM}}=n=2$，$\dfrac{560}{\sigma_{vM}}=2$，$\sigma_{vM}=280MPa$

$$\sigma_x=\frac{32M}{\pi d^3}=\frac{32\times125}{\pi d^3}=\frac{1273.24}{d^3}$$

$$\tau_{xy}=\frac{16T}{\pi d^3}=\frac{16\times80}{\pi d^3}=\frac{407.44}{d^3}$$

$$\sigma_x^2+3\tau_{xy}^2=\sigma_{vM}^2\rightarrow\frac{1273.24^2+3\times407.44^2}{d^6}=(280\times10^6)^2$$

最小直徑d=17.32mm

五 如圖所示軸a輸入力矩$T_a=2.62N\cdot m$，兩直齒傘（圓錐）齒輪的齒輪大端模數m=3mm，壓力角20°，大、小齒輪齒數分別為30及18，求：

(一) 作用在大齒輪切向力及徑向力。

(二) C為徑向軸承，D為雙向軸承，求作用在軸承D之軸向力及徑向力。

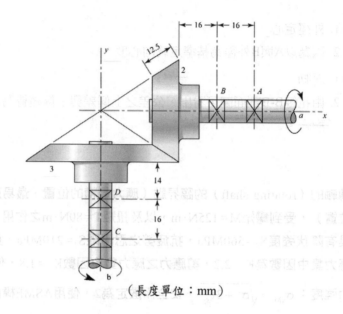

（長度單位：mm）

解：(一) $D_{大端}=mZ_大=3×30=90mm$

齒輪圓錐半頂角$\alpha=\tan^{-1}(\dfrac{30}{18})=59°$

$L=\dfrac{45}{\sin 59°}=52.5mm$

$(52.5-12.5)×\sin 59°=34.29mm$

$D_{小端}=2×34.29=68.58mm$

$D_{av}=\dfrac{90+68.58}{2}=79.29mm$

切向力$F_t=\dfrac{2T}{D_{av}}=\dfrac{2×2.62×10^3}{79.29}=66.09N$

徑向力$F_r=F_t×\tan\phi×\cos\alpha=66.09×\tan 20°×\cos 59°=12.39N$

(二) $\sum M_C=0$，$(\dfrac{12.5×\cos 59°}{2}+14+16)×12.39=16×(F_r)_D$

D處之徑向力$(F_r)_D=25.72N$

D處之軸向力$(F_t)_D=F_t×\tan\phi×\sin\alpha=66.09×\tan 20°×\sin 59°=20.62N$

107年 地特三等

一 如圖所示之簡支梁由直徑為d之鋼棍所組成，其正中間受到一往復外力使中間有3mm的上下位移。若材料之金屬疲勞強度為225MPa、楊氏模數為2000MPa且安全係數為1。則d＝？

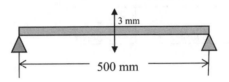

解：$\dfrac{S_e}{\tau_{max}} = 1 \rightarrow \tau_{max} = \dfrac{S_e}{1} = \dfrac{225}{1} = 225\text{MPa}$

$\tau_{max} = \dfrac{4P}{3A} = \dfrac{42.1875\pi d^2 \times 500^3}{48 \times 2000 \times \dfrac{\pi d^4}{64}} = 3$

$\rightarrow d = 1082.53\text{mm} = 1.08\text{m}$

二 如圖所示之主軸結構由直徑為d之鋼棒及兩軸承（1、2）所組成。主軸在軸承1及軸承2之間旋轉。兩軸承所能接受軸的傾斜角為1度。若假設兩軸承是完全同心，則主軸能承受之外力F為多少，才不會使得主軸被軸承卡死。楊氏模數為2000MPa，d＝10mm。

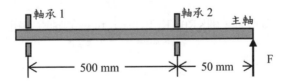

解：繪出剪力彎矩圖如下圖

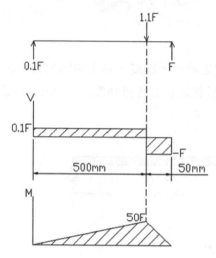

$$500 \times 50F \times \frac{1}{2} \times \frac{1}{EI} = \theta \rightarrow 500 \times 50F \times \frac{1}{2} \times \frac{1}{2000 \times \frac{\pi \times 10^4}{64}} = 1 \times \frac{\pi}{180}$$

三 有一滑輪在半徑分別為2R及R的大小輪盤上，各裝
有一彈簧常數為K之彈簧如圖所示。請算出滑輪轉
軸之扭力彈簧常數。

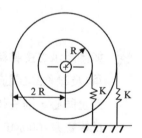

解：大小輪盤所受到之彈簧力總和
　　=轉軸處所受到之彈簧力

令轉軸之半徑為r，則$KR\theta + K(2R)\theta = K'r\theta \rightarrow$轉軸處之扭力彈簧常數$K' = \frac{3KR}{r}$

(四) 試述撓性傳動元件有那些及指出各撓性傳動元件之優缺點？

解：(一) 撓性傳動元件有：皮帶、鏈條

(二) 皮帶優點：

1. 種類多，適合各種用途。

2. 裝置簡單，可簡化機械之設計，成本低。

3. 可吸收傳動過程之振動，延長機器壽命。

4. 兩軸心距離可較遠

5. 適合高速傳動且無須潤滑

皮帶缺點：

1.滑動損失大，轉速比不正確。

2.因為易滑動，故傳動效率較差。

(三) 鏈條優點：

1. 相較於皮帶傳動更能節省空間。

2. 無滑動現象，因此轉速比為定值。

3. 不受溫度高低及濕度多寡等環境因素影響依舊正常作動。

4. 鬆邊張力為零，因此軸承受力小且不易損壞。

5. 相較於皮帶傳動有較大的轉速比。

鏈條缺點：

1. 保養潤滑若不確實，易造成鏈條之快速磨損。

2. 高速傳動時有振動與噪音。

3. 因鏈條重量較重，無法長距離傳送。

五 如圖所示，考古時因空間狹小如要將井的垂直通道上的石頭蓋子打開，有時會用一根木棍斜頂在蓋子下，以力量F將木棍打成垂直，以撐起置於井（L4為井之寬度）中間的石頭蓋子。請將平衡方程式列出，並找出在此位置要多大的力量F才能撐起蓋子。W為石頭蓋子的重量（重心在石蓋的中央），L1、L2、L3及L4分別為各空間之尺寸，假設棍子的重量及摩擦力不計。

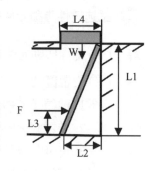

解： 取木棍受力自由體圖如下圖

$$W = \frac{L_4}{2} = N_4 \times L_4 \rightarrow N_4 = \frac{W}{2} \cdots (1)$$

$$N_1 = F \cdots (2)$$

$$F \times L_3 + N_4 \times L_2 = N_1 L_1 \cdots (3)$$

將(1)、(2)代入(3) $\rightarrow F \times L_3 + \frac{W}{2} \times L_2 = F \times L_1$

得 $F = \frac{WL_2}{2(L_1 - L_3)}$

107年 地特四等

一 如圖所示為同一零件的三種不同尺寸標註，每一尺寸包括基本尺寸與公差。請回答下列問題：

(一) 根據各分圖標示的尺寸，估算A與B兩孔間之距離AB的範圍分別為何？若該零件的兩個孔要與另一零件的兩個軸相配合，身為設計者你認為最適合及最不適合的標註各為何？說明你的理由。

(二) 依據圖(a)及(b)，計算該零件總長度的範圍分別是多大？

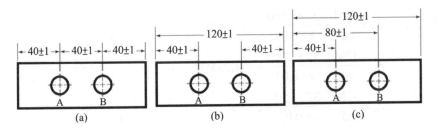

解：(一) (a) 40±1

(b) 40±3

(c) 40±2

最適合之標註：(a)。理由為AB兩孔之距離公差最小

最適合之標註：(b)。理由為AB兩孔之距離公差最大

(二) (a) 120±3

(b) 120±1

二 一根斷面均勻的實心鋼軸，受到靜態負載的作用下，經由負載分析獲得如圖所示的彎矩圖（M-x）。已知該軸直徑D＝30mm，降伏強度（yield strength）S_y＝669Mpa。

(一) 試計算該軸在A、B及C三處的最大彎曲應力，並根據畸變能失效理論
　　 求安全係數各為何？

(二) 試依據(一)的計算結果，說明A、B及C三處那一處是該軸結構最弱的地
　　 方？是否均符合安全設計？若有不符合安全之虞，設計者要如何進行
　　 設計改良？請說明之。

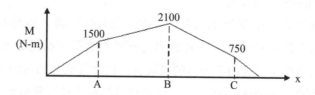

解：(一) $\sigma_A = \dfrac{32M}{\pi d^3} = \dfrac{32 \times 1500}{\pi \times 0.03^3} = 565.88\text{MPa} \rightarrow n_A = \dfrac{669}{565.88} = 1.18$

　　　 $\sigma_B = \dfrac{32M}{\pi d^3} = \dfrac{32 \times 2100}{\pi \times 0.03^3} = 792.23\text{MPa} \rightarrow n_B = \dfrac{669}{792.23} = 0.84$

　　　 $\sigma_C = \dfrac{32M}{\pi d^3} = \dfrac{32 \times 750}{\pi \times 0.03^3} = 282.94\text{MPa} \rightarrow n_C = \dfrac{669}{282.94} = 2.36$

(二) 1. B處結構最脆弱

　　 2. 僅B處不符合安全設計（$n_B < 1$）

　　 3. 降低B處之彎矩負荷或增加軸徑

三 在可靠度90%時，滾動軸承的負載（F）及壽命（L）滿足$(F)(L)^{1/a}=$常數。
　 依據該關係式，請回答下列問題：

(一) 要使滾珠軸承（ball bearing）的壽命為原來的兩倍，該軸承的負載要降
　　 低為原來的多少倍？

(二) 若施加於滾柱軸承（roller bearing）的負載為原來的兩倍，該軸承的壽
　　 命降低為原來的多少倍？

解：$FL^{\frac{1}{a}} = F_1 L_1^{\frac{1}{a}} = F_2 L_2^{\frac{1}{a}}$

(一) 若 $L_2 = 2L_1 \rightarrow \dfrac{F_2}{F_1} = (\dfrac{L_1}{L_2})^{\frac{1}{a}} = (\dfrac{L_1}{2L_1})^{\frac{1}{a}} = 2^{\frac{1}{a}} = L^{\frac{1}{a}}$

(二) 若 $F_2 = 2F_1 \rightarrow \dfrac{L_2}{L_1} = (\dfrac{F_1}{F_2})^{a} = (\dfrac{F_1}{2F_1})^{a} = 2^{-a}$

四 如圖所示之回歸齒輪系，正齒輪A、B、C與D的模數m均為2mm，齒輪組的中心距$C_{AB} = C_{CD}$為120mm。齒輪A的齒數為24，齒輪C齒數為30。輸入軸在轉速1200rpm下傳遞4kW的功率。試求齒輪B與D的齒數，輸出軸的轉速，以及作用在齒輪A與D的切線力。

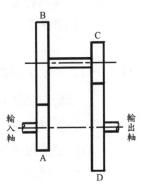

解：(一) $C = \dfrac{M(T_1 + T_2)}{2}$

$\rightarrow 120 = \dfrac{2(24 + T_B)}{2} = \dfrac{2(30 + T_D)}{2} \rightarrow T_B = 96$齒，$T_D = 90$齒

(二) $\dfrac{N_D}{N_A} = (-\dfrac{T_A}{T_B}) \times (-\dfrac{T_C}{T_D}) \rightarrow \dfrac{N_D}{1200} = (-\dfrac{24}{96}) \times (-\dfrac{30}{90}) \rightarrow N_D = 100$rpm

(三) $\dot{W} = FV = Fr\omega = F_A r_A \omega_A = F_D r_D \omega_D$

$4000 = F_A \times \dfrac{2 \times 24}{24 \times 1000} \times \dfrac{1200 \times 2\pi}{60} = F_D \times \dfrac{2 \times 90}{2 \times 1000} \times \dfrac{1200 \times 2\pi}{60}$

$F_A = 1326.29$N

$F_D = 4244.13$N

108年 台灣菸酒

一 **(一)** 為什麼材料選擇對機械工程設計至關重要？

(二) 解釋為什麼陶瓷材料和鑄造金屬在承受壓縮力方面比承受張力方面要強得多？

解：**(一)** 由於安全因數 $n = \dfrac{材料降伏應力或極限應力}{容許應力}$，而材料降伏應力與材料極限應力正是取決於選用之材料性質，若安全因數小於1，則為不安全的機械設計。

(二) 陶瓷的壓縮強度一般為抗拉強度的15倍左右。這是因為在拉伸時當裂紋一達到臨界尺寸就斷裂；而壓縮時裂紋或者閉合或者呈穩態地緩慢擴展，並轉向平行於壓縮軸。即在拉伸時，陶瓷的抗拉強度是由晶體中的最大裂紋尺寸決定的，而壓縮強度是由裂紋的平均尺寸決定的。

二 圖中顯示一個平的0.5m外直徑，0.1m的內徑及0.09m厚的鋼盤元件，應用收縮接合（shrink fit）到0.1m直徑的軸上，摩擦係數為0.25。如果該組合鋼盤元件要傳遞80kN-m的扭矩（torque）。求解接合壓力（fit pressure）為若干MPa。

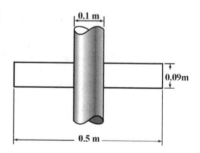

解：軸孔接合之正向力 $N = P \times \pi \times 0.1 \times 0.09$

切線力（摩擦力）$F = N \times \mu = P \times \pi \times 0.1 \times 0.09 \times 0.25$

扭矩 $T = Fr \rightarrow 80 \times 10^3 = P \times \pi \times 0.1 \times 0.09 \times 0.25 \times \dfrac{0.1}{2}$

得接合壓力 $P = 452.7\,MPa$

三 如圖中表示右端承受外力的機械軸，A處及B處分別用一個單列滾柱軸承（cylindrical roller bearing）及一個單列深槽滾珠軸承（deep-groove ball bearing）所支撐。B處的軸承可承受徑向力及軸向力，A處軸承僅承受徑向力。

(一) 試問兩個軸承處承受的反應力？

(二) 已知B處軸承所需的設計壽命運轉數為400百萬轉，若本題於B處軸承等價負荷（equivalent dynamic load）使用徑向因子X＝1及軸向因子Y＝0。請說明自附表中選擇最靠近動額定負荷的適用軸承番號（designation）？

提示：$400^{\frac{10}{3}}=6.03$，$400^{\frac{1}{3}}=7.368$，$400^{\frac{2}{3}}=54.29$，$400^{\frac{10}{3}}=471546614.2$

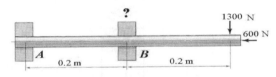

【附表】

Principal dimensions			Basic load ratings		Speed ratings		Mass	Designation
			Dynamic	Static	Reference	Limiting		
d_b	d_a	b_w	C	C_0				
mm	mm	mm	N	N			kg	
in.	in.	in.	lb	lb	rpm	rpm	lbm	—
15	32	8	5850	2850	50,000	32,000	0.025	16002
0.5906	1.2598	0.3510	1315	641			0.055	
	32	8	5850	2850	50,000	32,000	0.030	6002
	1.2598	0.3543	1315	641			0.066	
	35	11	8060	3750	43,000	28,000	0.045	6202
	1.3780	0.4331	1810	843			0.099	
	35	13	11,900	5400	38,000	24,000	0.082	6302
	1.3780	0.5118	2675	1210			0.18	
20	42	8	7280	4050	38,000	24,000	0.050	16004
0.7874	1.6535	0.3150	1640	910			0.11	
	42	12	9950	5000	38,000	24,000	0.090	6004
	1.6535	0.4724	2240	1120			0.15	
	47	14	13,500	6550	32,000	20,000	0.11	6204
	1.8504	0.5512	3030	1470			0.15	
	52	15	16,800	7800	30,000	19,000	0.14	6304
	2.0472	0.5906	3780	1750			0.31	
	72	19	43,600	23,600	18,000	11,000	0.40	6406
	2.8346	0.7480	9800	3370			0.88	

25 0.9843	47 1.8504	12 0.4724	11,900 2680	6550 1470	32,000	20,000	0.080 0.18	6005
	52 2.0472	15 0.5906	14,800 3330	7800 1750	28,000	18,000	0.13 0.29	6205
	62 2.4409	17 0.6693	23,400 5260	11,600 2610	24,000	16,000	0.23 0.51	6305
	80 3.1496	21 0.8268	35,800 8050	19,300 4340	20,000	13,000	0.53 0.51	6405
30 1.1811	55 2.1654	15 0.5118	13,800 3100	8300 1870	28,000	17,000	0.12 0.26	6006
	62 2.4409	16 0.6299	20,300 4560	11,200 2520	24,000	15,000	0.20 0.44	6206
	72 2.8346	19 0.7480	29,600 6650	16,000 3600	20,000	13,000	0.35 0.77	6306

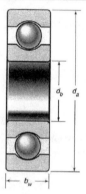

解：(一) $\sum M_B = 0$

$F_{Ar} \times 0.2 = 1300 \times 0.2 \rightarrow F_{Ar} = 1300N(\downarrow)$

$F_{Aa} = 0$（A處無承受軸向力）

$\sum M_A = 0$

$F_{Br} \times 0.2 = 1300 \times 0.4 \rightarrow F_{Br} = 2600N(\uparrow)$

$F_{Ba} = 600N(\leftarrow)$

(二) $P_B = 1 \times F_{Br} + 0 \times F_{Ba} = 1 \times 2600 = 2600N$

$$\frac{400 \times 10^6}{10^6} = (\frac{C}{2600}) \rightarrow C = 19156.96N$$

因此選用6305號軸承

四 (一) 鍵（keys）、銷（pins）、栓（splines）和固定螺釘（set screws）等機械元件的基本功能為何？

(二) 請說明鍵（keys）元件與栓（splines）元件的性能與應用之比較。

(三) 如果飛輪（flywheel）以過高的速度運行，會產生什麼後果？

解：(一) 鍵：具有周向定位以便傳遞扭矩或軸向定位之功能。

　　　 銷：兼具有軸向定位與周向定位的功能，但僅能傳遞小扭矩，而且會降低軸的承受負荷能力，不適合應用於軸上有高應力的位置。

　　　 栓：其功能與鍵相似，即在配合元件與軸之間傳遞扭矩。

　　　 固定螺釘：使零件固定不致產生滑移。

(二) 軸上通常至少有四個栓，相對於普通軸上僅有一或二個鍵之定位方式，栓與栓槽的聯結方式之扭矩傳送較為均勻，而且軸與輪轂的接觸面所承受之負荷相對偏低，軸上之旋轉元件與軸之同心度較高。

(三) 飛輪若以過高速度運行，則會導致轉動慣量過大而產生失速的現象。

108年 身障三等

一 設計一根承受到穩態負載的碳鋼桿件，要求該桿件的安全係數不得低於2。已知該桿件上最嚴重之處的應力狀態為$\sigma_x = 100$MPa，$\sigma_y = 20$MPa，$\tau_{xy} = 80$MPa，且碳鋼的降伏強度$S_y = 380$MPa，試以Mises-Hencky失效理論（Failure theory）判斷該桿件是否安全。

解：Mises-Hencky失效理論即為畸變能理論

$$S_{ET} = \sqrt{(\sigma_x)^2 + (\sigma_y)^2 - \sigma_x\sigma_y + 3\tau_{xy}^2} = \sqrt{100^2 + 20^2 - 100 \times 20 + 3 \times 80^2}$$

$$= 166.13\text{MPa}$$

安全係數 $n = \dfrac{S_{YT}}{S_{ET}} = \dfrac{380}{166.13} = 2.29 > 2$，因此可判斷該桿件為安全狀態。

二 寫出受到變動週期應力作用的機械元件所常用的Soderberg疲勞破壞理論方程式，並說明其意義。

解：索德柏破壞理論如下圖所示。若平均應力$\sigma_{av} = 0$，則所有變動負荷皆為交變應力，其應力值σ_r大於疲勞強度S_e時就會發生破壞。因此同理，若交變應力$\sigma_r = 0$，則所有變動負荷皆為靜態應力，其應力值σ_{av}大於降伏強度S_y時就會發生破壞。疲勞強度S_e與降伏強度S_y兩點作連線即為索德柏線，如下圖AC段所示。

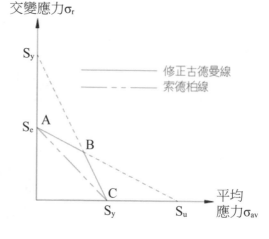

因此索德柏線方程式為：$\dfrac{\sigma_{av}}{S_y} + K\dfrac{\sigma_r}{S_e} = \dfrac{1}{n}$

其中

平均應力$\sigma_{av} = \dfrac{反覆應力最大值\sigma_{max} + 反覆應力最小值\sigma_{min}}{2}$

交變應力$\sigma_r = \dfrac{反覆應力最大值\sigma_{max} - 反覆應力最小值\sigma_{min}}{2}$

S_y：材料降伏強度、S_e：材料疲勞強度、K：應力集中因子、n：安全係數

三 有一根以線徑為5mm之琴鋼絲所捲成的螺旋壓縮彈簧，平均圈徑為50mm，有效圈數為10圈，琴鋼絲的剛性模數G為80GPa，試求該彈簧承受150N之壓縮負載時，彈簧的撓度及其最大剪應力。

解：彈簧指數 $C = \dfrac{D_m}{d} = \dfrac{50}{5} = 10$

彈簧撓度 $\delta = \dfrac{8FC^3 N_{eff}}{Gd} = \dfrac{8 \times 150 \times 10^3 \times 10}{80 \times 10^3 \times 5} = 30mm$

$K_s = 1 + \dfrac{0.615}{C} = 1 + \dfrac{0.615}{10} = 1.0615$

最大剪應力 $\tau = K_s \dfrac{8FD_m}{\pi d^3} = 1.0615 \times \dfrac{8 \times 150 \times 50}{\pi \times 5^3} = 162.19MPa$

四 (一) 說明在鏈條傳動中，小鏈輪齒數不宜過少的原因。

(二) 指出聯軸器（Couplings）成為機器不可或缺之元件的三個功能。

解：(一) 小鏈輪齒數若過少，鏈輪容易磨損，進而產生振動及噪音

(二) 1. 動力的傳輸。

2. 保護傳動軸，防止轉矩過大。

3. 改善旋轉元件的振動特性。

五 如圖所示為一組二自由度齒輪機構，各齒輪的模數皆相同且齒數分別為 $T_2=50$、$T_3=30$、$T_4=20$、$T_6=25$、$T_7=20$。已知A軸的轉速為210rpm ccw（逆時針），B軸的轉速為300rpm cw（順時針），試求C軸的轉速和轉向。

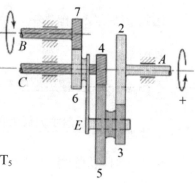

解：因為各齒輪模數皆相同，因此$T_2+T_3=T_4+T_5$

$50+30=20+T_5$，$T_5=60$

(一) 固定輸入軸C

$$\frac{末輪轉速N_A-搖臂轉速N_E}{初輪轉速N_B-搖臂轉速N_E}=(-\frac{T_7}{T_6})\times(-\frac{T_4}{T_5})\times(-\frac{T_3}{T_2})$$

$$\frac{-210-N_E}{300-N_E}=(-\frac{20}{25})\times(-\frac{20}{60})\times(-\frac{30}{50})\Rightarrow N_E=-139.66rpm$$

(二) 固定輸入軸B

$$\frac{末輪轉速N_A-搖臂轉速N_E}{初輪轉速N_B-搖臂轉速N_E}=(-\frac{T_4}{T_5})\times(-\frac{T_3}{T_2})$$

$$\frac{-210-(-139.66)}{N_C-(-139.66)}=(-\frac{20}{60})\times(-\frac{30}{50})$$

$$\Rightarrow N_C=-491.35rpm=491.35rpm(逆時針)$$

108年 專技高考

一 試說明延性材料承受靜態負載下設計上可採用之破壞準則，請列舉至少兩項破壞準則並說明用各項理論計算安全係數之方式，以及繪製平面應力狀態下各理論所定義之可用設計範圍。

解：(一) 畸變能理論（Von Mises Hencky Theory）

畸變能理論又稱剪力能理論，適用於延性材料。此理論主張當材料受拉力而產生之。

等效拉應力S_{ET}大於材料之拉伸降伏應力S_{YT}時，材料即發生破壞。

1. 若材料承受三軸向應力時，發生破壞的條件為

$$S_{ET} = \sqrt{\frac{(\sigma_1 - \sigma_2)^2 + (\sigma_2 - \sigma_3)^2 + (\sigma_3 - \sigma_1)^2}{2}} \geq S_{YT} \text{，}$$

而安全係數 $n = \dfrac{S_{YT}}{S_{ET}}$

2. 若材料承受雙軸向應力時，發生破壞的條件為

$$S_{ET} = \sqrt{(\sigma_1)^2 + (\sigma_2)^2 - \sigma_1\sigma_2} \geq S_{YT} \text{，而安全係數 } n = \dfrac{S_{YT}}{S_{ET}}$$

3. 若材料承受單純剪應力時，發生破壞的條件為

$$S_{ET} = \sqrt{(\sigma_x)^2 + (\sigma_y)^2 - \sigma_x\sigma_y + 3\tau_{xy}^2} \geq S_{YT} \text{，而安全係數 } n = \dfrac{S_{YT}}{S_{ET}}$$

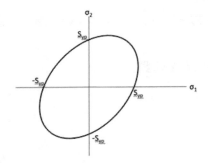

(二)最大剪應力理論（Maximum Shear Stress Theory）

最大剪應力理論又稱第三強度理論，適用於延性材料。

此理論主張當材料在受拉力作用下的2倍最大剪應力大於材料之拉伸降伏應力S_{YT}時，材料即發生破壞。

發生降伏破壞的條件為：$2\tau_{max} \geq S_{YT}$ ，而安全係數 $n = \dfrac{S_{YT}}{2\tau_{max}}$

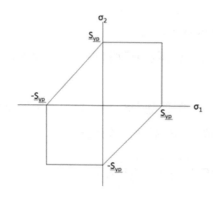

二 一方形螺紋之雙螺線導螺桿的公稱直徑為32mm、螺距為4mm，如軸垂直設置欲輸出能抬舉6.4kN重量之軸向推力，試詳列計算過程求出：（假設：組件間摩擦係數為0.08；套環摩擦力等效直徑為40mm；螺桿材料之拉伸強度為230MPa；降伏強度為170MPa。）

(一)節徑與導程。

(二)轉動螺桿抬舉重物與放下重物分別所需之扭矩。

(三)抬舉重物時螺桿之整體效率。

(四)抬舉重物時螺紋根部之應力與其等效（von Mises）應力（假設嚙合螺紋圈數>5）。

(五)此螺桿在承載預計負載下之安全係數。

解：(一) 根徑 $D_t = 32 - 4 = 28mm$

節徑 $D_m = 32 - 2 = 30mm$

導程L＝螺紋線數×螺距＝2×4＝8mm

(二) 導程角 $\alpha = \tan^{-1} \dfrac{L}{\pi D_m} = \tan^{-1} \dfrac{8}{\pi \times 30} = 4.85°$

摩擦角 $\theta = \tan^{-1}\mu = \tan^{-1}0.08 = 4.57°$

抬舉重物所需扭矩

$T_1 = WR_m\tan(\theta + \alpha) + W\mu R_c$

$\quad = 6.4 \times 15 \times \tan(4.57° + 4.85°) + 6.4 \times 0.08 \times 20 = 26.17\text{N-m}$

放下重物所需扭矩

$T_2 = WR_m\tan(\theta - \alpha) + W\mu R_c$

$\quad = 6.4 \times 15 \times \tan(4.57° - 4.85°) + 6.4 \times 0.08 \times 20 = 9.77\text{N-m}$

(三) $e = \dfrac{T_0}{T_1} = \dfrac{\dfrac{WL}{2\pi}}{T_1} = \dfrac{\dfrac{6.4 \times 8}{2\pi}}{26.17} = 0.3114$

(四) 螺紋根部之彎應力 $\sigma_b = \dfrac{3Wh}{2\pi r_t nb^2} = \dfrac{3 \times 6400 \times 2}{2\pi \times 14 \times 5 \times 2^2} = 21.83\text{MPa}$

螺紋根部之平均剪應力 $\tau = \dfrac{W}{2\pi r_t nb} = \dfrac{6400}{2\pi \times 14 \times 5 \times 2} = 7.27\text{MPa}$

等效應力 $S_{ET} = \sqrt{21.83^2 + 3 \times 7.27^2} = 25.2\text{MPa}$

(五) 安全係數 $n = \dfrac{S_{YT}}{S_{ET}} = \dfrac{170}{25.2} = 6.74$

三 一平行軸上配置之螺旋齒輪組由一57齒的從動齒輪及一19齒的主動齒輪組成，小齒輪具有30°之左手螺旋角，法向壓力角為20°，法向模數為2.5mm，試求出：（需詳列計算過程）

(一) 橫向節距。　　　　　　　(二) 法向節距。

(三) 橫徑節。　　　　　　　　(四) 橫向壓力角。

(五) 各齒輪之齒冠、齒根及節圓直徑。

解：(一) 法向模數 $m_n = 2.5$

　　　　端面模數 $m = \dfrac{m_n}{\cos\psi} = \dfrac{2.5}{\cos 30°} = 2.89\text{mm}$

　　　　橫向節距 $P_C = \pi m = \pi \times 2.89 = 9.07\text{mm}$

(二) 法向節距 $P_n = P_C \times \cos\psi = 9.07 \times \cos 30° = 7.85\text{mm}$

(三) 橫向徑節 $P_n = \dfrac{\pi}{P_C} = \dfrac{\pi}{9.07} = 0.35$ 齒/mm

(四) 橫向壓力 $\phi_t = \tan^{-1}\dfrac{\tan\phi_n}{\cos\psi} = \tan^{-1}\dfrac{\tan 20°}{\cos 30°} = 22.8°$

(五) 主動齒輪節圓直徑 $= \dfrac{19}{0.35} = 54.29\text{mm}$

　　　從動齒輪節圓直徑 $= \dfrac{57}{0.35} = 162.86\text{mm}$

　　　齒冠 $= m = 2.89\text{mm}$

　　　齒根 $= 1.25m = 1.25 \times 2.89 = 3.61\text{mm}$

108年 高考三級

一　如圖所示之帶式制動器，已知長
度a為0.1m，平皮帶與鼓輪之間的
摩擦係數為0.2，鼓輪逆時針旋轉
200rpm，若施加正向力P＝110N，試
求：扭矩容量為若干N-m？功率容
量為若干kW？若逆時針旋轉時要避
免自鎖，則摩擦係數需小於多少？

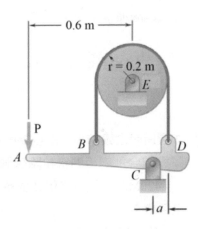

解：$\dfrac{F_1}{F_2} = e^{\mu\beta} = e^{0.2\pi}$ …(1)

$\Sigma M_C = 0$ ， $0.1F_1 + 0.7 \times 110 = 0.3F_2$ …(2)

解(1)、(2)可得 $F_1 = 1274.25$ N ， $F_2 = 681.42$ N

扭矩 $T = (F_1 - F_2) \times R = (1274.25 - 681.42) \times 0.2 = 118.57$ N-m

功率 $\dot{W} = T\omega = 118.57 \times \dfrac{200 \times 2\pi}{60} = 2.48$ kW

當 $0.3 > 0.1e^{\mu\pi}$ 時，即可避免自鎖，因此 $\mu < 0.35$

二　如圖所示之後輪差速器，在
旋轉半徑為30 m的彎路上以
60km/hr左轉，已知齒數為
$N_1 = 17$ 及 $N_2 = 67$，輪胎直徑為
0.5m，後輪中心距為1.6m，試
求：左後輪之轉速為若干rad/
sec？1號齒輪之轉速為若干
rad/sec？

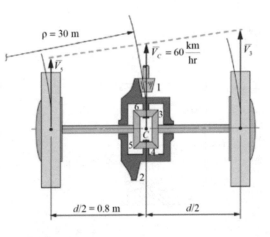

解： $60\text{km}/\text{hr}=16.67\text{m}/\text{s}$

由於向心力為常數，因此 $\dfrac{16.67^2}{30}=\dfrac{V_5^2}{29.2}\to V_5=16.45\text{m}/\text{s}$

左後輪轉速 $\omega_5=\dfrac{V_5}{R}=\dfrac{16.45}{0.25}=65.8\text{rad}/\text{s}$

$\dfrac{\omega_1}{\omega_5}=\dfrac{N_2}{N_1}\to 1$號齒輪轉速 $\omega_1=\omega_5\times\dfrac{N_2}{N_1}=65.8\times\dfrac{67}{17}=259.33\text{ rad}/\text{s}$

○三 如圖所示之梁結構（單位為mm），以兩個矩型冷抽鋼板透過兩個ISO 5.8 螺栓結合，鋼板的抗拉降伏強度為$S_y=370\text{MPa}$，螺栓的抗拉降伏強度為 $S_y=420\text{MPa}$，抗剪降伏強度為$S_{sy}=242.3\text{MPa}$，試求下列各種方式的最小安 全係數：

(一) 螺栓的剪切破壞（Shear of bolts）。

(二) 梁的支撐破壞（Bearing on members）。

(三) 梁的彎矩破壞（Bending of members）。

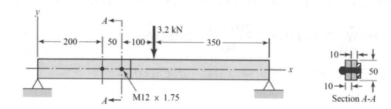

解：

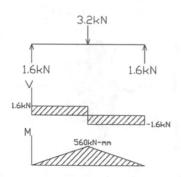

(一) 螺栓的剪切破壞

螺栓承受之剪應力 $\tau = \dfrac{V}{A} = \dfrac{1600}{\dfrac{\pi}{4} \times 12^2} = 14.15 \text{MPa}$

最小安全係數 $n = \dfrac{242.3}{14.15} = 17.12$

(二) 梁的支撐破壞

鋼板承受之橫向負載應力 $\tau = 1.5 \times \dfrac{V}{A} = 1.5 \times \dfrac{1600}{20 \times 50} = 2.4 \text{MPa}$

最小安全係數 $n = \dfrac{370}{2.4} = 154.17$

(三) 梁的彎矩破壞

鋼板承受之彎矩應力 $\sigma = \dfrac{MC}{I} = \dfrac{560 \times 10^3 \times 25}{\dfrac{20 \times 50^3}{12}} = 67.2 \text{MPa}$

最小安全係數 $n = \dfrac{370}{67.2} = 5.5$

四 有一直徑為50mm之軸上安裝一寬度為10mm之方鍵，此鍵的容許剪應力為60MPa、容許壓縮應力為100MPa，當軸於轉速1000rpm時需傳遞20kW的功率，且安全係數為5，請問此方鍵最小之長度為若干mm？

解： 承受扭矩 $T = \dfrac{20 \times 10^3}{1000 \times \dfrac{2\pi}{60}} = 191 \text{ N-m}$

正向壓應力 $\sigma = \dfrac{4T}{dLH} = \dfrac{4 \times 191 \times 10^3}{50 \times L_1 \times 10} = \dfrac{1528}{L_1} \text{MPa}$

$\dfrac{100}{\dfrac{1528}{L_1}} \geq 5 \rightarrow L_1 \geq 76.4 \text{ mm}$

切線剪應力 $\tau = \dfrac{2T}{dLW} = \dfrac{2 \times 191 \times 10^3}{50 \times L_2 \times 10} = \dfrac{764}{L_2}$ MPa

$\dfrac{60}{\dfrac{1528}{L_2}} \geq 5 \to L_2 \geq 127.33$mm

比較L_1與L_2，可知此方鍵最小之長度為127.33mm

五 如下圖之機械系統，重力加速度朝下（ g=9.81m/s^2 ），已知h=700mm、d=500mm、左右彈簧常數均為600N/m，試求：讓系統之自然頻率為2Hz之質量塊m為若干kg？讓系統之自然頻率為0Hz之質量塊m為若干kg？

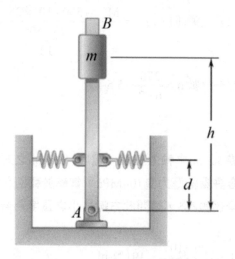

解：系統之自然頻率 $f = \dfrac{1}{2\pi}\sqrt{\dfrac{kd^2 - mgh}{mh^2}}$

(一) $2 = \dfrac{1}{2\pi}\sqrt{\dfrac{600 \times 0.5^2 - m \times 9.81 \times 0.7}{m \times 0.7^2}} \to m = 1.78$kg

(二) $0 = \dfrac{1}{2\pi}\sqrt{\dfrac{600 \times 0.5^2 - m \times 9.81 \times 0.7}{m \times 0.7^2}} \to m = 21.84$kg

108年 普考

一 有一對壓力角為20°、模數為2之內接正齒輪系，環齒輪有40齒為主動輪，小齒輪為從動輪，速比為4，試求：小齒輪之齒數、中心距、小齒輪之基圓半徑、小齒輪對環齒輪之扭矩比。

解：令環齒輪代號為1，小齒輪代號為2

$$M = \frac{D_c}{T} \quad , \quad 2 = \frac{D_{c1}}{40} \Rightarrow D_{c1} = 80mm$$

$$齒輪比 = 4 = \frac{40}{T_2} \Rightarrow 小齒輪齒數T_2 = 10齒$$

$$D_{c2} = 2 \times 10 = 20mm \quad , 因此中心距 C = \frac{D_{c1} - D_{c2}}{2} = \frac{80 - 20}{2} = 30 \ mm$$

$$小齒輪基圓半徑 = \frac{D_{c2} \times \cos\phi}{2} = \frac{20 \times \cos 20°}{2} = 9.40 \ mm$$

$$小齒輪對環齒輪扭矩比 = \frac{Fr_{c2}}{Fr_{c1}} = 0.25$$

二 經由馬達帶動兩個平皮帶輪組成的傳動系統，皮帶輪直徑均為0.1 m，摩擦係數均為0.2，最大軸負荷為600N，試求：緊邊和鬆邊張力的最大值為若干N？若轉速為2000rpm，則最大輸出功率為若干kW？

解：令緊邊張力為F_1，鬆邊張力為F_2

$$F_1 + F_2 = 600 \cdots (1)$$

$$\frac{F_1}{F_2} = e^{\mu \times \frac{\pi}{2}} \cdots (2)$$

解(1)、(2)可得 $F_1 = 390.94N$ ， $F_2 = 209.06N$

最大輸出功率

$$= T\omega = (F_1 - F_2) \times \frac{D}{2} \times \omega = (390.94 - 209.06) \times \frac{0.1}{2} \times \frac{2000 \times 2\pi}{60} = 1904.64W$$

三 如圖所示之長方體鋁桿（E＝71.7 GPa），受力 W＝4kN於A點，試求：O點及B點的反作用力各為若干kN？A點之變形量為若干mm？

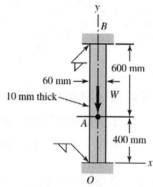

解： $\sum F_y = 0 \rightarrow R_{AB} - R_{AO} = 4 \cdots(1)$

$\Delta A = 0 \rightarrow R_{AB} \times 6 - R_{AO} \times 4 = 0 \cdots(2)$

解(1)、(2)可得B點反作用力$R_{AB}=8kN$(壓縮)，O點反作用力$R_{AO}=12kN$(壓縮)

A點變形量 $\delta_A = \dfrac{PL}{AE} = \dfrac{8 \times 600}{60 \times 10 \times 71.7} = 0.11mm$

四 如圖所示之衝壓機，已知P＝250N，試求：D點的垂直作用力為若干N？A點之反作用力大小為若干N？

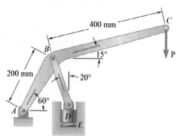

解： $\sum M_A = 0 \rightarrow 250 \times (400 \times \cos 15° + 200 \times \cos 60°)$

$\qquad = F_{BD} \times \cos 20° \times 200 \times \cos 60° + F_{BD} \times \cos 70° \times 200 \times \sin 60°$

得 $F_{BD} = 793.63N$

$F_{BDX} = F_{BD} \times \cos 70° = 793.63 \times \cos 70° = 271.44N$

$F_{BDY} = F_{BD} \times \cos 20° = 793.63 \times \cos 20° = 745.77N \leftarrow$ D點垂直作用力

$R_{AX} = F_{BDX} = 271.44N$

$R_{AY} = F_{BDY} - P = 745.77 - 250 = 495.77N$

$R_A = \sqrt{271.44^2 + 495.77^2} = 565.21N \leftarrow$ A點反作用力

五 公稱基本尺寸為20.000mm，最小餘隙為10μm，最大餘隙為50μm，軸之公差為15μm，孔之公差為25μm，若採用雙向公差，試問：採用基軸制時軸和孔之尺寸各為多少？採用基孔制時軸和孔之尺寸各為多少？

解：依據題意可得以下之關係式

孔上偏差−軸下偏差＝50

孔下偏差−軸上偏差＝10

軸上偏差−軸下偏差＝15

孔上偏差−孔下偏差＝25

因此

基軸制：軸尺寸 $= 20^{0}_{-0.015}$ ，孔尺寸 $= 20^{+0.035}_{+0.010}$

基孔制：軸尺寸 $= 20^{-0.01}_{-0.025}$ ，孔尺寸 $= 20^{+0.025}_{0}$

108年 地特三等

一 如圖所示為一根長度為800mm的鋼製懸臂樑，楊氏係數E=200GPa，樑的長方形截面寬度為60mm、厚度為12mm；置於末端之螺旋彈簧，鋼絲直徑為12.5mm，彈簧的外徑為100mm，有效圈數為10圈，鋼絲的剛性模數G為83GPa，試求當末端的撓度（Deflection）為40mm時之作用力。

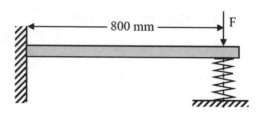

解：彈簧常數 $k = \dfrac{Gd^4}{8D_m^3 N_{eff}} = \dfrac{83 \times 10^3 \times 12.5^4}{8 \times (100\text{-}12.5)^3 \times 10} = 3308.35\text{N / mm}$

彈簧作用力 $F_s = 3308.35 \times 40 = 132334.18\text{N}$

慣性矩 $I = \dfrac{bh^3}{12} = \dfrac{60 \times 12^3}{12} = 8640\text{mm}^4$ ， $\delta = \dfrac{PL^3}{3EI} = \dfrac{(F-132334) \times 800^3}{3 \times 200 \times 10^3 \times 8640} = 40$

可得作用力F=132739N

二 一根受到扭轉的直徑60mm之鋼製實心圓棒，剛性模數G為77GPa，其設計條件為(1)軸的容許剪應力（Allowable shear stress）為$\tau_w = 40\text{N-mm}^2$及(2)扭角變形量為每公尺不得超過1°，試求該圓棒的最大容許作用扭力（Torque）。

解：依條件(1)設計 $\tau_{max} = \dfrac{T\rho}{J} \rightarrow 40 = \dfrac{32 \times T \times 30}{\pi \times 60^4}$ ，得T=1696460N-mm

依條件(2)設計 $\dfrac{\phi}{L} = \dfrac{T}{GJ} \rightarrow \dfrac{1 \times \dfrac{\pi}{180}}{1000} = \dfrac{32 \times T}{77 \times 10^3 \times \pi \times 60^4}$ ，得T=1709908N-mm

比較條件(1)與條件(2)，可得最大容許作用扭力T為1696460N-mm

三 一對壓力角（ϕ）為20°、轉速比為2的全深正齒輪減速機，齒輪的模數（m）為8，齒冠(a)為8mm。已知兩齒輪的中心距為180mm，試求兩齒輪的齒數，並檢查這對齒輪是否會發生干涉（Interference）。

解：轉速比$=2=\dfrac{T_{大}}{T_{小}}\cdots(1)$

中心距$C=\dfrac{M(T_{大}+T_{小})}{2} \rightarrow 180=\dfrac{8(T_{大}+T_{小})}{2}\cdots(2)$

解(1)、(2)可得大齒輪齒數$T_{大}=30$，小齒輪齒數$T_{小}=15$

判斷是否干涉：

$T_{小}{}^2+2T_{大}T_{小}=\dfrac{4(T_{大}+1)}{\sin^2\phi} \rightarrow T_{小}{}^2+2\times30\times T_{小}=\dfrac{4(30+1)}{\sin^2 20°}$

求解出不發生干涉之最少小齒輪齒數$T_{小}=14.27$

由於本題小齒輪齒數$T_{小}=15>14.27$，因此不會發生干涉

四 如圖所示為以二支M20×2.5螺栓（bolt）所鎖緊、厚度為20mm的兩片鋼板之接合件，其餘尺寸如圖所示。鋼板的降伏強度為490MPa，螺栓的降伏強度為420MPa。假設每根螺栓在兩片鋼板接合間沒有螺紋且鋼板之軸向拉力為均勻分佈，欲使該接合件的安全係數大於2.5，試求鋼板所能承受的最小拉力。

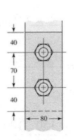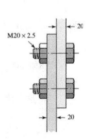

解：螺栓剪應力$\tau=\dfrac{P_1}{\dfrac{\pi d^2}{4}\times n}=\dfrac{P_1}{\dfrac{\pi\times20^2}{4}\times2}=1.59\times10^{-3}P_1\,(MPa)$

$\dfrac{420}{1.59\times10^{-3}P_1}>2.5 \rightarrow P_1<105.66\,kN$

螺栓承壓應力 $\sigma_b = \dfrac{P_2}{d \times t \times n} = \dfrac{P_2}{20 \times 20 \times 2} = 1.25 \times 10^{-3} P_2 (MPa)$

$\dfrac{420}{1.25 \times 10^{-3} P_2} > 2.5 \rightarrow P_2 < 134.40 kN$

鋼板張拉應力 $\sigma_t = \dfrac{P_3}{(w - nd) \times t} = \dfrac{P_3}{(80 - 2 \times 20) \times 20} = 1.25 \times 10^{-3} P_3 (MPa)$

$\dfrac{490}{1.25 \times 10^{-3} P_2} > 2.5 \rightarrow P_3 < 156.80 kN$

依上述分析結果，能承受之最小拉力為105.66kN

五 有一根承受反覆彎曲力矩之直徑60mm的旋轉鋼軸，降伏強度為 $S_y = 500MPa$，拉伸強度為 $S_{ut} = 700MPa$，完全修正各種影響因素後之耐久限 為 $S_e = 200MPa$。若其週期應力的變動範圍為50MPa至250MPa，試問鋼軸是 否為安全的設計？

解：平均應力 $\sigma_{av} = \dfrac{\sigma_{max} + \sigma_{min}}{2} = \dfrac{250 + 50}{2} = 150MPa$

交變應力 $\sigma_r = \dfrac{\sigma_{max} - \sigma_{min}}{2} = \dfrac{250 - 50}{2} = 100MPa$

索德柏破壞理論：

$\dfrac{\sigma_{av}}{S_y} + \dfrac{\sigma_r}{S_e} = \dfrac{1}{n}$ ， $\dfrac{150}{500} + \dfrac{100}{200} = \dfrac{1}{n_1} \rightarrow$ 安全因數 $n_1 = 1.25$

修正古德曼破壞理論：

$\dfrac{\sigma_{av}}{S_{ut}} + \dfrac{\sigma_r}{S_e} = \dfrac{1}{n}$ ， $\dfrac{150}{700} + \dfrac{100}{200} = \dfrac{1}{n_2} \rightarrow$ 安全因數 $n_2 = 1.4$

無論 n_1 或 n_2 皆 >1，因此為安全的設計

108年 地特四等

一　一金屬機械元件的降伏強度為360MPa，受到靜力負荷所產生的應力狀態為 $\sigma_x=100\text{MPa}$，$\sigma_y=20\text{MPa}$，$\tau_{xy}=75\text{MPa}$，試以最大剪應力理論求出其安全係數。

解：$\tau_{max} = \sqrt{(\dfrac{\sigma_x - \sigma_y}{2})^2 + \tau_{xy}^2} = \sqrt{(\dfrac{100-20}{2})^2 + 75^2} = 85\ \text{MPa}$

安全係數 $n = \dfrac{S_{YT}}{2\tau_{max}} = \dfrac{360}{2\times 85} = 2.11$

二　如圖(a)與(b)所示之二個滑輪組，欲拉起W＝3000N的重物，試分別求出每個滑輪組所需施加的拉力F。假設滑輪組的摩擦力損失皆不計。

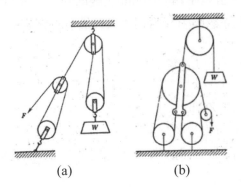

(a)　　　　　　　(b)

解：(a) F＝W/6＝3000/6＝500N

(b) F＝W/7＝3000/7N

㊂ 一個由兩根琴鋼絲所製成之螺旋彈簧並聯而成的彈簧系統,其中一根彈簧的線徑為6mm、平均圈徑為60mm及有效圈數為12圈;另一根彈簧的線徑為5mm、平均圈徑為40mm及有效圈數為10圈;琴鋼絲的剛性模數G為80GPa,試求彈簧系統被壓縮12 mm所需的壓縮力。

解: $k_1 = \dfrac{Gd^4}{8D_m{}^3N_{eff}} = \dfrac{80 \times 10^3 \times 6^4}{8 \times 60^3 \times 12} = 5 \text{ N / mm}$

$k_2 = \dfrac{Gd^4}{8D_m{}^3N_{eff}} = \dfrac{80 \times 10^3 \times 5^4}{8 \times 40^3 \times 10} = 9.77 \text{ N / mm}$

$k = k_1 + k_2 = 5 + 9.77 = 14.77 \text{N / mm}$

$F = 14.77 \times 12 = 177.24 \text{N}$

㊃ 孔/軸配合之機械組件欲採用過盈配合(Interference fit),試自75H7/c6、75H7/g6、75H7/s6等三種配合選出適用者。若選出過盈配合適用者後,由表查出孔的公差帶為0.030mm,軸的公差帶為0.019mm,基本偏差量為0.059mm,試求該軸/孔配合的最大與最小過盈量。

解: (一) 過盈配合即為干涉配合

基孔制:H/p~zc

基軸制:P~ZC/h

因此75H7/s6為過盈配合

(二) 由題意可知孔尺寸為 $75^{+0.030}_{0}$ mm ,軸尺寸為 $75^{+0.059}_{+0.040}$ mm

因此孔最大尺寸 = 75 + 0.030 = 75.030mm

孔最小尺寸 = 75 − 0 = 75mm

軸最大尺寸 = 75 + 0.059 = 75.059mm

軸最小尺寸 = 75 + 0.040 = 75.040mm

最大過盈量 = 75.059 − 75 = 0.059mm

最小過盈量 = 75.040 − 75.030.010mm

五 如圖所示為一個迴歸齒輪系汽車用手排變速系統，各齒輪的齒數為 $T_2=16$、$T_3=32$、$T_4=28$、$T_5=18$、$T_6=T7=15$、$T_8=20$、$T_9=30$。齒輪8與齒輪9可在輸出軸之方栓槽滑移該變速系統，以變換檔位，離合器可作離合輸入軸與輸出軸的動作，可得到三個前進檔及一個倒退檔等四個不同的轉速比，試求第一、二、三檔及倒退檔的轉速比。

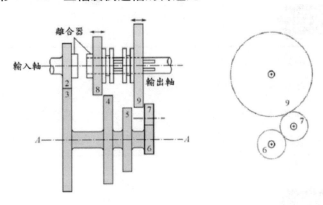

解：第一檔轉速比 $e_1 = \dfrac{T_3 \times T_9}{T_2 \times T_5} = \dfrac{32 \times 30}{16 \times 18} = 3.33$

第二檔轉速比 $e_2 = \dfrac{T_3 \times T_8}{T_2 \times T_4} = \dfrac{32 \times 20}{16 \times 28} = 1.43$

第三檔轉速比 $e_3 = 1$

倒退檔轉速比 $e_b = \dfrac{T_3 \times T_7 \times T_9}{T_2 \times T_6 \times T_7} = \dfrac{32 \times 15 \times 30}{16 \times 15 \times 15} = 4$

[本書參考資料]

1. 機械設計(上)(下)，陳浩、陳源豐著，中華民國101年5月四版三刷，高立圖書有限公司出版。

2. 機械設計（含概要），祝裕著，2014年4月第四版第一刷，千華數位文化股份有限公司出版。

3. 機械設計，吳嘉祥、陳正光著，西元2006年9月初版一刷，新加坡商湯姆生亞洲私人有限公司台灣分公司出版。

一試就中，升任各大 國民營企業機構！

共同科目

2B811081	國文	高朋・尚榜	530元
2B821091	英文	劉似蓉	530元
2B331091	國文(論文寫作)	黃淑真・陳麗玲	390元
2B241061	公民	邱樺	490元

專業科目

2B031091	經濟學	王志成	590元
2B061091	機械力學(含應用力學及材料力學)重點統整＋高分題庫	林柏超	390元
2B071081	國際貿易實務重點整理＋試題演練二合一奪分寶典	吳怡萱	490元
2B091081	台電新進雇員綜合行政類超強5合1	千華名師群	650元
2B111081	台電新進雇員配電線路類超強4合1	千華名師群	650元
2B121081	財務管理	周良、卓凡	390元
2B131091	機械常識	林柏超	530元
2B150991	電路學	陳震、甄家灝	510元
2B161091	計算機概論(含網路概論)	蔡穎、茆政吉	530元
2B171091	主題式電工原理精選題庫	陸冠奇	470元
2B181091	電腦常識(含概論)	蔡穎	400元
2B191091	電子學	陳震	490元

2B201091	數理邏輯(邏輯推理)	千華編委會	430元
2B311081	主題式企業管理(適用管理概論)	張恆	590元
2B321081	人力資源管理(含概要)	陳月娥、周毓敏	490元
2B351081	行銷學(適用行銷管理、行銷管理學)	陳金城	510元
2B491091	基本電學致勝攻略	陳新	510元
2B501091	工程力學(含應用力學、材料力學)	祝裕	590元
2B581091	機械設計(含概要)	祝裕	630元
2B651091	政府採購法(含概要)	歐欣亞	530元
2B661081	機械原理(含概要與大意)奪分寶典	祝裕	550元
2B671081	機械製造學(含概要、大意)	張千易、陳正棋	570元
2B691091	電工機械(電機機械)致勝攻略	鄭祥瑞	550元
2B701091	一書搞定機械力學概要	祝裕	630元
2B741091	機械原理(含概要、大意)實力養成	周家輔	570元
2B751081	會計學(包含國際會計準則IFRS)	陳智音	530元
2B831081	企業管理(適用管理概論)	陳金城	610元
2B871091	企業概論與管理學	陳金城	610元
2B881091	法學緒論大全(包括法律常識)	成宜	550元
2B911091	普通物理實力養成	曾禹童	530元
2B921081	普通化學實力養成	陳名	500元
2B951081	企業管理(適用管理概論)滿分必殺絕技	楊均	550元

以上定價，以正式出版書籍封底之標價為準

歡迎至千華網路書店選購
服務電話 (02)2228-9070

千華網路書店

更多網路書店及實體書店

博客來網路書店　PChome 24hr書店　三民網路書店

MOMO 購物網　　金石堂網路書店　　誠品網路書店

查詢實體書店

一試就中，升任各大

國民營企業機構！

題庫系列

2B021081	論文高分題庫	高朋 尚榜	310元
2B061091	機械力學(含應用力學及材料力學)重點統整＋高分題庫	林柏超	390元
2B171071	主題式電工原理精選題庫	陸冠奇	470元
2B261091	國文高分題庫	千華	450元
2B271091	英文高分題庫	德芬	490元
2B281091	機械設計焦點速成＋高分題庫	司馬易	360元
2B291091	物理高分題庫	千華	500元
2B301091	計算機概論高分題庫	千華	400元
2B361061	經濟學高分題庫	王志成	350元
2B371081	會計學高分題庫	歐欣亞	370元
2B391081	主題式基本電學高分題庫	陸冠奇	430元
2B511091	主題式電子學(含概要)高分題庫	甄家灝	430元
2B521081	主題式機械製造(含識圖)高分題庫	何曜辰	470元
2B541081	主題式土木施工學概要高分題庫	林志憲	560元
2B551081	主題式結構學(含概要)高分題庫	劉非凡	360元

2B591081	主題式機械原理(含概論、常識)高分題庫	何曜辰	480元
2B681091	主題式電路學高分題庫	甄家灝	450元
2B731081	工程力學焦點速成＋高分題庫	良運	470元
2B791091	主題式電工機械(電機機械)高分題庫	鄭祥瑞	390元
2B801081	主題式行銷學(含行銷管理學)高分題庫	張恆	450元
2B891091	法學緒論(法律常識)高分題庫	羅格思 章庠	450元
2B901081	企業管理頂尖高分題庫(適用管理學、管理概論)	陳金城	390元
2B941081	熱力學重點統整＋高分題庫	林柏超	390元
2B951081	企業管理(適用管理概論)滿分必殺絕技	楊均	550元
2B961091	流體力學與流體機械重點統整＋高分題庫	林柏超	410元
2B971091	自動控制重點統整＋高分題庫	翔霖	近期出版
2B981091	政府採購法重點統整＋高分題庫	歐欣亞	近期出版
2B991091	電力系統重點統整＋高分題庫	廖翔霖	近期出版

以上定價，以正式出版書籍封底之標價為準

歡迎至千華網路書店選購
服務電話 (02)2228-9070
千華網路書店

更多網路書店及實體書店

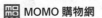 博客來網路書店　 PChome 24hr書店　三民網路書店

MOMO 購物網　金石堂網路書店　誠品網路書店

 查詢實體書店

千華會員享有最值優惠!

立即加入會員

會員等級	一般會員	VIP 會員	上榜考生
條件	免費加入	1. 直接付費 1500 元 2. 單筆購物滿 5000 元 3. 一年內購物金額累計 滿 8000 元	提供國考、證照相關考試上榜及教材使用證明
折價券	200 元	500 元	
購物折扣	‧平時購書 9 折 ‧新書 79 折 (兩周)	‧書籍 75 折	‧函授 5 折
生日驚喜		●	●
任選書籍三本		●	●
學習診斷測驗(5科)		●	●
電子書(1本)		●	●
名師面對面		●	

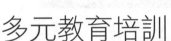

~~ 不是好書不出版 ~~
最權威、齊全的國考教材盡在千華

千華系列叢書訂購辦法

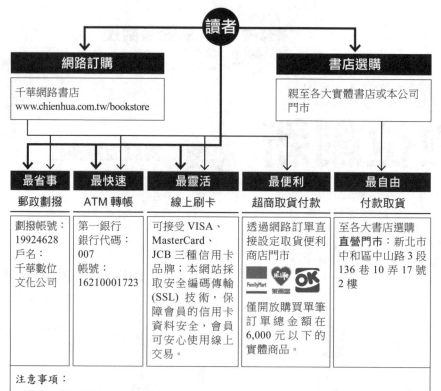

讀者

網路訂購		書店選購
千華網路書店 www.chienhua.com.tw/bookstore		親至各大實體書店或本公司門市

最省事	最快速	最靈活	最便利	最自由
郵政劃撥	ATM 轉帳	線上刷卡	超商取貨付款	付款取貨
劃撥帳號：19924628 戶名：千華數位文化公司	第一銀行 銀行代碼：007 帳號：16210001723	可接受 VISA、MasterCard、JCB 三種信用卡品牌；本網站採取安全編碼傳輸 (SSL) 技術，保障會員的信用卡資料安全，會員可安心使用線上交易。	透過網路訂單直接設定取貨便利商店門市 僅開放購買單筆訂單總金額在 6,000 元以下的實體商品。	至各大書店選購 直營門市：新北市中和區中山路 3 段 136 巷 10 弄 17 號 2 樓

注意事項：

1.單筆訂單總額 499 元以下郵資 60 元；500~999 元郵資 40 元；1000 元以上免付郵資。

2.請在劃撥或轉帳後將收據傳真給我們 (02)2228-9076、客服信箱：chienhua@chienhua.com.tw 或 LineID:@chienhuafan,並註明您的姓名、電話、地址及所購買書籍之書名及書號。

3.請您確保收件處必須有人簽收貨物 (民間貨運、郵寄掛號)，以免耽誤您收件時效。

訂單及匯款確認

收到產品

我們接到訂單及確認匯款後，您可在三個工作天內收到所訂產品 (離島地區除外)，如未收到所訂產品，請以電話與我們確認。

※ 團體訂購，另享優惠。請電洽服務專線 (02)2228-9070 分機 211,221

國家圖書館出版品預行編目(CIP)資料

機械設計焦點速成+高分題庫 / 司馬易編著. -- 第一版.
-- 新北市 : 千華數位文化, 2020.02
面 ; 公分
ISBN 978-986-487-961-8(平裝)

1.機械設計

446.19   109000333

機械設計焦點速成+高分題庫

編　著　者：司　馬　易

發　行　人：廖　雪　鳳
登　記　證：行政院新聞局局版台業字第3388號
出　版　者：千華數位文化股份有限公司
　　　　　　地址／新北市中和區中山路三段136巷10弄17號
　　　　　　電話／(02)2228-9070　　傳真／(02)2228-9076
　　　　　　郵撥／第19924628號　千華數位文化公司帳戶
　　　　　　千華公職資訊網：http://www.chienhua.com.tw
　　　　　　千華網路書店：http://www.chienhua.com.tw/bookstore
　　　　　　網路客服信箱：chienhua@chienhua.com.tw

法律顧問：　永然聯合法律事務所
編輯經理：　甯開遠
主　　編：　甯開遠
執行編輯：　廖信凱
校　　對：　千華資深編輯群
排版主任：　陳春花
排　　版：　丁美瑜

出版日期：　2020 年 2 月 15 日　　　第一版／第一刷

本書如有勘誤或其他補充資料，
將刊於千華公職資訊網 http://www.chienhua.com.tw
歡迎上網下載。